大连理工大学管理论丛

基于知识元的情报
与决策知识融合方法

王延章 孙 琳 张 磊/著

本书由大连理工大学经济管理学院资助

科学出版社
北 京

内 容 简 介

面对现今社会经济和自然系统发展的综合复杂性，政府、企业管理决策必然面对大数据本原的复杂大系统，要厘清自身与大系统及其子系统或组分的关系进行大综合，需要更大的知识系统的知识融合。本书主要研究基于知识元的情报与决策知识融合方法，梳理了数据、信息、情报、认知和决策的微观和宏观对象、事件、过程中的信息融合和知识融合的确定性和不确定性方法，给出具体原理和应用过程。主要内容包括基础知识元及其融合理论、基于知识元的多源情报片段融合、基于知识元的决策知识获取与融合框架、情报融合方法在企业战略决策中的应用、知识融合方法在社会公共安全应急决策中的应用等。

本书可作为高等院校管理科学、信息科学、知识科学和系统工程等相关专业高年级本科生和研究生的参考用书，也可供相关专业的高校教师、科研工作者、政府企业管理人员和工程技术人员学习及参考。

图书在版编目（CIP）数据

基于知识元的情报与决策知识融合方法 / 王延章，孙琳，张磊著. —北京：科学出版社，2022.3

（大连理工大学管理论丛）

ISBN 978-7-03-069620-5

Ⅰ. ①基… Ⅱ. ①王… ②孙… ③张… Ⅲ. ①知识管理 Ⅳ. ①G302

中国版本图书馆 CIP 数据核字（2021）第 167558 号

责任编辑：邓 娴 / 责任校对：贾娜娜
责任印制：苏铁锁 / 封面设计：无极书装

科 学 出 版 社 出版
北京东黄城根北街 16 号
邮政编码：100717
http://www.sciencep.com

北京凌奇印刷有限责任公司 印刷
科学出版社发行 各地新华书店经销

＊

2022 年 3 月第 一 版 开本：720×1000 1/16
2022 年 3 月第一次印刷 印张：12 1/4
字数：247000
POD定价： 126.00元
（如有印装质量问题，我社负责调换）

丛书编委会

总　序

　　编写一批能够反映大连理工大学经济管理学科科学研究成果的专著，是近些年一直在推动的事情。这是因为大连理工大学作为国内最早开展现代管理教育的高校，早在1980年就在国内率先开展了引进西方现代管理教育的工作，被学界誉为"中国现代管理教育的摇篮，中国 MBA 教育的发祥地，中国管理案例教学法的先锋"。

　　大连理工大学管理教育不仅在人才培养方面取得了丰硕的成果，在科学研究方面同样也取得了令同行瞩目的成绩。在教育部第二轮学科评估中，大连理工大学的管理科学与工程一级学科获得全国第三名的成绩；在教育部第三轮学科评估中，大连理工大学的工商管理一级学科获得全国第八名的成绩；在教育部第四轮学科评估中，大连理工大学工商管理学科和管理科学与工程学科分别获得 A-的成绩，是中国国内拥有两个 A 级管理学科的 6 所商学院之一。

　　2020年经济管理学院获得的科研经费已达到4345万元，2015年至2020年期间获得的国家级重点重大项目达到27项，同时发表在国家自然科学基金委员会管理科学部认定核心期刊的论文达到 1 000 篇以上，国际 SCI、SSCI 论文发表超 800篇。近年来，虽然学院的科研成果产出量在国内高校中处于领先地位，但是在学科领域内具有广泛性影响力的学术专著仍然不多。

　　在许多的管理学家看来，论文才是科学研究成果最直接、最有显示度的体现，而且论文时效性更强、含金量也更高，因此出现了不重视专著也不重视获奖的现象。无疑，论文是科学研究成果的重要载体，甚至是最主要的载体，但是，管理作为自然科学与社会科学的交叉成果，其成果载体存在的方式一定会呈现出多元化的特点，其自然科学部分更多地会以论文等成果形态出现，而社会科学部分则既可以以论文的形态呈现，也可以以专著、获奖、咨政建议等形态出现，并且同样会呈现出生机和活力。

　　2010 年，大连理工大学决定组建管理与经济学部，将原管理学院、经济系合并，重组后的管理与经济学部以学科群的方式组建下属单位，设立了管理科学与工程学院、工商管理学院、经济学院以及 MBA/EMBA 教育中心。2019 年，大连理工大学管理与经济学部更名为大连理工大学经济管理学院。目前，学院拥有 10 个研究所、5 个教育教学实验中心和 9 个行政办公室，建设有两个国家级工程研究中心和实验室，六个省部级工程研究中心和实验室，以及国内最大的管理案例共享平台。

经济管理学院秉承"笃行厚学"的理念，以"扎根实践培养卓越管理人才、凝练商学新知、推动社会进步"为使命，努力建设成扎根中国的世界一流商学院，并为中国的经济管理教育做出新的、更大的贡献。因此，全面体现学院研究成果的重要载体形式——专著的出版就变得更加必要和紧迫。本套论丛就是在这个背景下产生的。

本套论丛的出版主要考虑了以下几个因素：第一是先进性。要将经济管理学院教师的最新科学研究成果反映在专著中，目的是更好地传播教师最新的科学研究成果，为推进经济管理学科的学术繁荣做贡献。第二是广泛性。经济管理学院下设的 10 个研究所分布在与国际主流接轨的各个领域，所以专著的选题具有广泛性。第三是选题的自由探索性。我们认为，经济管理学科在中国得到了迅速的发展，各种具有中国情境的理论与现实问题众多，可以研究和解决的现实问题也非常多，在这个方面，重要的是发扬科学家进行自由探索的精神，自己寻找选题，自己开展科学研究并进而形成科学研究的成果，这样一种机制会使得广大教师遵循科学探索精神，撰写出一批对于推动中国经济社会发展起到积极促进作用的专著。第四是将其纳入学术成果考评之中。我们认为，既然学术专著是科研成果的展示，本身就具有很强的学术性，属于科学研究成果，那么就有必要将其纳入科学研究成果的考评之中，而这本身也必然会调动广大教师的积极性。

本套论丛的出版得到了科学出版社的大力支持和帮助。马跃社长作为论丛的负责人，在选题的确定和出版发行等方面给予了极大的支持，帮助经济管理学院解决出版过程中遇到的困难和问题。同时特别感谢经济管理学院的同行在论丛出版过程中表现出的极大热情，没有大家的支持，这套论丛的出版不可能如此顺利。

大连理工大学经济管理学院

2021 年 12 月

前　　言

随着科学技术和经济的发展，特别是近一个世纪以来，互联网、云计算、大数据、人工智能、神经科学、认知科学、思维科学、语言学、知识科学等的发展，人们的生活环境和行为活动正在发生着天翻地覆的变化。世间万物，特别是人和人、人与物的联系越来越紧密，正在向更大的范围和更深的层次集成，乃至融合。进而，人类知识的各个学科间的相互融合，以及对综合知识能力的需求深度越来越深，相应的需求广度也越来越大。与此同时，自然科学、社会科学和哲学的发展思想、认知范式和研究方法也在不断融合、演进和升华。信息与通信技术（information and communications technology，ICT）正在改变一切，特别是大数据，它是现代 ICT 环境下的有关世界万物的表象信息，是万物属性状态及其生灭衍生演化轨迹的数字化记录，正在揭示和深化万物的关联表象。大数据表象了客观世界的复杂巨系统行为特征，蕴含着事物关联整体及个体等的高度复杂性特征及未知规律，正在变革人类的意识和行为，特别是人们的认知模式和行为决策方式。

在大数据时代，一个人可以认识更大的世界，进而，一个人，一个由人的合作构成的组织也就必然密切联系在更大的自然、经济、社会和行为系统中，因此，现今时代不论是个人还是组织，他们的行为活动，特别是行为选择与决断（即管理决策），必然要面对大数据本原的复杂大系统，要厘清自身与大系统及其构成子系统或组分的关系，就要进行相关信息的融合，包括各个相关行为主体的价值取向的认知和权衡，可行的行为策略或方案的辨识或优选等，因此需要更大的知识系统的知识融合，以实现大管理决策。为此，笔者提出了六大理念，即大数据（big data）、大知识（big knowledge）、大系统（big system）、大综合（big integration）、大管理（big management）和大智慧（big wisdom），其中大知识是核心。这也是近年来知识科学受到重视和快速发展的原因。实际上，大数据的价值也需要知识化体现。大数据为知识获取与发现提供无尽的源泉，为知识验证给予几乎全样本的支持，为知识表示和推论及诠释提供具身性与经验性的理解，是进行复杂大系统决策的基础。

　　由于现今社会经济和自然系统发展的综合复杂性，特别是中国的现实情境，个人、企业和政府正面临国际政治、经济和军事等的复杂扰动，包括自然灾害、经济生产、社会安全和卫生疾病等突发事件，法治社会、绿色经济和民生福祉等的建设问题。现今的个体、组织或政府的行为决策，首先需要信息层面的支持，即需要全面、及时了解复杂社会经济系统的演进状态信息，因此需要梳理大数据，抽取有用信息；其次需要对信息有理解，即需要理解信息的知识，需要把数据信息知识化，需要信息和知识的大融合，以便给予复杂社会经济系统的演进状态科学的诠释；最后需要对复杂社会经济系统的演进进行系统分析和辅助决策。大数据在推动这些需求实现的同时，也在变革着政府的管理模式，使之向大管理和大智慧模式迈进。

　　基于上述的认知与思考，作者团队申请获批了国家自然科学基金重点项目"大数据环境下知识融合与服务的方法及其在电子政务中的应用研究"（项目批准号：71533001）。该项目以基于知识的综合系统分析方法论（Knowledge-Based Methodology of Integrated Systems Analysis，KBMISA）为基础。KBMISA 是面向自然、社会、经济、文化和技术的综合大系统，其基于哲学思辨和认知科学理念，从相关的客观事物系统和管理活动系统等知识域出发，把人类对客观事物的认知分成六个层次，也定义为六个空间，即基础知识元空间、元数据空间、形式模型空间、算子空间、实体模型空间和数据空间，简称六空间模式。六空间通过知识单元的分与合，以基础知识元为中枢纽带联结其他五个空间的元素，构建了一个系统化、综合集成化、可积淀持续化和可灵活重用化的知识模式，较好地从定性和定量层面，概念层、逻辑层和方法层等层面实现综合集成的客观事物系统的诠释和综合系统分析。同时从计算科学与工程视角来看，继数据与程序软件分离之后，六空间又进行了知识与程序软件分离的完善，并进行了数据与元数据、算子算法与模型、形式模型与实体模型的分离。这些分离促进了数据与知识的深层次融合与管理，为人机交互与协同、不同知识域人员的科学分工、数据与知识管理及应用自动化和社会并行计算工程等提供了计算可能性，为智能系统提供了一种更宽泛的计算模式。

　　KBMISA 为知识表示、知识管理、智慧分析及应用和计算实现构建了科学框架，本书以六空间，特别是知识元模型的知识发展和知识融合方面的研究为基础进行了融合提升。具体从方法层面融合梳理了数据、信息、情报、认知和决策的微观及宏观对象、事件、过程中的信息融合和知识融合的确定性和不确定性方法，给出具体原理和应用过程。例如，基于知识元的多源情报片段融合；基于情报元关系的情报融合方法；基于知识元的决策知识获取与融合框架；具有模糊不确定性的决策知识融合方法等。并总结了在企业战略竞争决策和社会公共安全应急决策中的应用。全书共分为 8 章，由王延章策划，提出总体思路和提纲，并负责第 1、2 章，孙琳负责第 3、4、5 章并参与第 1、2、8 章编写，张磊负责第 6、7、8 章，并负责统稿。

如前所述，现今人们的行为活动需要与自然和谐，与他人和人类社会和谐，而和谐的基础就在于知识化，以提升文明的水平。基于知识科学，创新知识学习，让数据、信息知识化，获得自然与社会更大系统的融合知识系统，可以相信，《基于知识元的情报与决策知识融合方法》一书的出版，必会对人们的学习、生活与工作的行为决断、管理决策乃至人工智能及智慧化发展等方面的理论研究和应用实践有所裨益。当然，我们在知识科学与工程研究方面还仅仅是万里长征的第一步，还有很多工作要做，书中所论及的观点和方法还有很多不足之处，敬请读者指正。

目　　录

第1章 绪 论

1.1 本书论题及意义

1.1.1 论题背景

人类社会生产生活中面临着大量的决策问题,大到国家政策方针制定,小到企业合作伙伴的选择等。随着人类社会和经济发展的加速,泛在网络、互联网+、大数据迅速发展,加强了人类社会、经济、自然和行为系统的关联整体性,给人类社会进步带来更多机遇的同时,各行各业面临的决策问题也变得愈加复杂。面对错综复杂的海量数据和信息,如何加强数据智能分析和精准融合,进行科学、高效、精准的应对决策,已成为新时代背景下迫切需要解决的问题。

在兼具不确定性、复杂性、多变性的经济社会环境中,情报信息能够帮助政府或企业及时了解其关注问题的发展态势和潜在的机会与危机,并辅助制订决策方案。虽然数据驱动的智能决策在大数据环境下具有良好的发展机遇,然而数据的爆炸式增长无法直接给决策带来优质的信息资源供给,反而使其容易陷入"信息过载"而"价值稀疏"的海量粗糙情报开发困境。面对大量不确定、不完备、模糊的以及夹杂冗余和噪声的数据和信息,决策者很难将这些多源异构的粗糙原始信息直接应用于管理决策。包昌火等(2004)认为基于智能分析和知识提炼过程的情报采集在一定程度上能够解决预分析需求增长的问题。随着大数据分析技术及知识处理工具的不断发展,虽然在一定程度上能够支持对海量信息的特征提取、语义分析、关联挖掘等研究,但是如何真正契合于决策问题的细粒度且兼具参考性、行动导向性的竞争情报及其知识需求,从多源数据中挖掘高价值的竞争情报仍是亟待解决的难题。

一方面,多源情报的粗糙性与多学科、跨领域性,以及单源情报片段的片面性与模糊随机、不确定性,为竞争情报的收集与分析带来挑战;另一方面,企业对战略竞争情报信息又呈现出多主体、跨行业竞争态势分析的动态性和综合性要求，以及对企业战略决策知识的智慧性和前瞻性等需求特征。由此，对企业战略竞争情报的多层次融合研究，即信息层面的粗糙数据有机集成、知识层面的共识认知整合，以及企业战略竞争情报业务层面的关联关系融合研究势在必行，融合的重要性、复杂性和集成性可见一斑。

同时，随着人工智能和互联网技术的发展，大数据时代增加了人类活动的透明性、感知的综合广泛性和行为的强关联性等，对政府综合管理能力以及更加贴近民众的深入精细的管理与服务的需求日益强烈，毫无疑问地正在增加着政府管理的复杂性，特别是自然灾害、经济生产、社会安全和卫生疾病等的管理决策充满复杂性和多样性，人们在决策时所面对的知识越来越复杂。由于学科细分和人类个体思维认知有限，知识载体的多人分布化，任何单一个人或组织机构都不能提供决策问题准确性和客观性的综合知识，必须融合不同组织、不同专业领域的经验、判断和智慧对决策问题进行全面和深入的认识，为决策判断提供综合知识服务和智力支持。然而，由于决策问题的复杂性、决策环境的不确定性以及人类认知判断的局限性与模糊性，决策专家或决策者在提供决策知识时存在不确定性，如模糊性、随机性等。此外，不同决策专家在其专业领域内的知识、经验的积累程度及地位等方面存在一定差异，其对决策问题的认知也会不同，进而造成决策知识可靠性不一致，甚至面对很多不确定信息无法考虑决策知识的可靠性。对此，如何在复杂不确定环境下准确度量决策专家可靠性，进而提升决策知识融合的合理性和可信度，是加强决策精准化、科学化需要解决的新挑战和难题。

当前社会瞬息万变，科学技术日新月异，人类社会已步入了大数据智能时代，人工智能等技术引领的技术变革正在重塑或改变社会组织管理思路与方式。面对日益复杂的经济社会发展形势，现有的情报和知识获取方式都不能真正满足企业的竞合决策、政府宏观管理及应急管理决策等复杂决策对情报和知识的迫切需求，需要在现有研究基础上对情报分析与决策知识融合在全面性和细致性上进行进一步深化，提升决策中情报和知识应用的效能与价值。

1.1.2　论题的界定

1. 相关概念

为了便于后续的描述，确保引申概念及内涵和外延的逻辑一致性，对所涉及主要概念做如下界定。

知识是人类对客观事物的概念及属性特征等的主观抽象，是关于万物实体与性质的知与识，是人类社会实践经验的固化和对客观事物认识的成果。

知识元（knowledge element，KE）是指不可再分割的具有完备知识表达的知识单位，包括概念知识元、事实知识元和数值型知识元等。由于事物的可分性和多样性，知识元的不可再分割和完备性都是相对的，相对于人们所关注的主客观事物域（也称论域），更宽泛地可以称其为范畴。为此这里认为知识元是关于客观事物对象的一个认知单元，具有在给定论域或范畴下的不可再分性和完备性。

基础知识元是知识元中关于客观事物类的基本概念和属性特征及其关系的一种抽象表述，包括事物是什么的知识元、事物行为的知识元等。后续如无特殊说明，所谈知识元均指基础知识元。

竞争情报是对战略分析与制定具有商业价值的情报获取和知识提炼过程，能够帮助企业及时感知竞争态势的变化和预判其演化规律、洞悉商业机会和潜在危机，并提供具有全局性、行动导向性、应变性的决策知识。

基于知识元模型，企业各类战略竞争情报均可建立细粒度的结构化描述，分别进行概念集、属性集和关系集的界定和刻画，即针对企业战略竞争情报描述对象构建其知识元，简称情报知识元。情报知识元为多主体、跨领域、跨行业的企业战略竞争情报描述对象及其关联关系的共性知识表示提供了基础。

情报元（intelligence element，IE）是对竞争情报描述对象的具体属性状态的刻画，就是按照对应的情报知识元结构进行信息重构以及相关特征要素的内容描述或状态赋值，即构建企业战略竞争情报描述对象的情报元。也就是说，情报元是将竞争情报描述对象按照所属知识元的结构进行属性的定量化或定性化描述，从而构建更高层次的概念和复杂的语义关系，为逻辑推理和情报隐含关联关系融合提供情报数据支持。

情报先验知识是基于企业战略竞争情报知识元体系构建的一系列情报主题特征要素的集合，其不仅包含了情报收集目标的对象主体的名称描述，甚至细化至主体的属性要素描述，是判别竞争情报是否具有收集与分析价值的主要依据。

情报片段是指根据情报先验知识，从数据源中收集到的原始信息组织单元，其呈现了情报内容未经加工的最初表现形式。其中不仅蕴含具有商业价值的竞争情报，也夹杂着众多冗余、噪声等干扰信息。

决策，从狭义上讲，就是决策者在有限时间内利用决策知识对多个备选方案进行判断，并选择出求解问题的满意或最优方案。

决策知识是人类认识了客观问题求解的知识空间（存储在书本、文献和人类头脑中的知识）与实际决策问题结合形成对决策问题的认知结果，主要表征为决策主体在决策情形下结合实际问题"活化"人类已经认识了的知识空间，借助知识模型对问题认知和判断结果进行显性表达。

2. 主要论题

论题一：如何对决策情报与知识进行综合诠释和知识表示，从而为复杂不确定环境下决策情报和知识融合分析提供基础支持？

决策知识是解决决策问题的重要依据，而情报信息高效挖掘和分析是决策知识获取的先决条件。因此，如何给出情报和决策知识的共性知识描述，为竞争情报及决策知识的融合提供知识描述基础，从而为高效的多源竞争情报和决策知识的获取提供精准的先验知识；如何融合跨领域多主体的知识描述，从事物本原视角构建复杂决策所需的多主体、跨领域、跨组织的情报和决策的知识元，提供更加全面和完备的共性知识表示，完善情报和决策知识的客观描述以提升先验知识准确性，从而为深度分析和认知复杂决策问题提供日趋完备的知识基础；等等，这一系列研究问题亟待形成一种行之有效的方法和模型。

论题二：如何高效开展多源情报融合以克服其片面性与模糊不确定性，增强竞争情报的价值，从而为决策提供情报综合分析及智能辅助决策？

海量粗杂异构的复杂数据中隐藏着重要情报信息，如何进行多源情报片段的预处理，消除信息结构的不一致性，去除冗余和噪声信息；如何对不同来源的情报片段进行信息解析与重构，解决情报碎片的内容整合难题，实现竞争情报的动态跟踪和综合竞争态势情报呈现，获得竞争情报知识元框架下可用性更强的情报元；进一步地，如何开展多源情报融合，通过多主体竞争情报的企业竞争角色关系融合、敏感竞争事件链追踪及关系融合以及决策关键特征的融合，帮助决策者进行隐含关联关系的深度分析；等等。这些问题对于竞争情报价值增值、提供更加准确的决策知识是十分必要且重要的，是一个值得深入研究的问题。

论题三：如何形成一种跨领域多主体决策知识精准融合的方法与技术，从而为复杂决策问题求解提供集聚群体智慧的综合知识服务和智力支持？

面对现今社会经济和自然系统发展的综合复杂性，人类面对的决策问题涉及领域繁杂，需要融合多领域不同主体的决策知识进行综合研判。由于客观事物的复杂性和人类认知局限性，人们对事物的认知过程是一个渐进过程，面对复杂决策问题的不确定情景信息以及来自不同专业领域背景的决策主体知识不对等的现实约束，合理地描述具有模糊不确定的决策知识，成为决策知识融合的重要先决条件。同时，如何在复杂不确定环境下准确分析获取不同主体决策知识的可靠性或重要度，充分发挥人类在社会生产实践中的主观能动性，钝化甚至消除主观认知或客观分析与现实的矛盾，是保障决策知识准确融合的重要途径。更进一步，如何高效融合不同主体决策知识进行决策问题精准分析，为复杂决策问题科学求解提供智力支持？这些问题对于精准决策具有重要理论意义和现实价值，是需要解决的又一科学问题。

1.1.3 研究意义

基于以上分析，本书对复杂系统决策中情报融合与决策知识融合问题进行研究，紧密围绕提供综合情报和决策支持的目标，提出了相应的融合方法与模型，从而为决策者进行精准决策提供理论和方法支持，对提升决策科学性具有重要理论意义和现实意义。

1. 理论意义

本书以系统工程思路和知识科学理论为指导，综合运用知识工程、运筹学、管理科学、数学和信息科学等领域知识，进一步丰富和完善了复杂决策环境下竞争情报的知识提炼和智能分析以及不确定决策知识融合的理论与方法体系，为实现泛在网络、大数据环境下社会经济发展中的复杂系统决策问题的精准研判与分析提供参考和借鉴，在一定程度上丰富了管理与决策科学相关理论。

2. 现实意义

泛在网络、云计算、互联网+、大数据迅速提升了社会、经济、自然和行为系统的关联整体性，使得政府、企业管理决策考虑因素更加复杂，融合跨领域、多学科、不同主体的信息和知识进行精准研判是解决问题的重要基础。本书围绕复杂决策问题的情报与决策知识融合展开研究，其研究成果可用于指导相关决策人员进行科学决策，解决人类社会经济和政治等领域的实际决策问题，对降低决策风险，提高情报价值和知识可靠性，进而改善决策质量具有重要的应用价值和现实意义。

1.2 国内外研究现状

1.2.1 知识表示及知识元相关研究

随着人类社会发展与科技不断进步，政府、企业等组织逐渐向大数据、多元化发展，在该背景下决策问题所需的情报与知识错综复杂且具有多源异构等性质，只有借助知识模型对其进行有效采集、组织和利用，才能将决策所需的情报和知识快速准确地用于决策问题求解。对于知识模型，其最核心的部分是知识表示。知识表示是对知识的一种描述或一种约定，是知识形式化和符号化的过程。通常，知识表示方式应具有充分的表达能力，具有可推理、可理解性强及操作维护方便等性质。目前，各个领域中应用较多的知识表示方法主要有本体、语义网络、谓词逻辑、框架、知识元等。

1. 本体表示法

本体在知识工程、语义网络、人工智能等特定领域得到了广泛应用。目前，受到广泛认可的本体定义是由 Studer 等（1998）提出的，即本体论是共享概念模型的明确的形式化规范说明。本体具有语义性，能够丰富表达领域内本体类之间的关系；通过本体类与本体实例的分离，还能够充分展现事物间的隐含关系（温有奎等，2005）。但是本体的运用大多局限于某些特定领域构建相应的领域本体，难于实现跨领域知识的共性结构表示。

2. 语义网络表示法

作为一种结构化的知识表示方法，语义网络是由一组节点和若干条有向弧线构成的有向图。其中，节点表示各种实体、概念、事件、动作、属性和状态等；节点间的有向弧线表示节点间的语义关联关系，包含类属关系、包含关系、属性关系、位置关系等（Kornienko et al.，2015）。利用语义网络方法进行知识表示灵活且易于实现，但无法避免二义性以及不适用深层知识与具有规则判断性知识表达的缺陷（温有奎等，2005）。

3. 谓词逻辑表示法

谓词逻辑是基于形式逻辑的知识表示方法，适用于表示事物的状态、属性、概念等事实性知识，也用来表示事物间确定的因果关系。但其不足之处在于难以表达不确定性知识和启发性知识，需要将以自然语言描述的知识通过引入谓词、函数来获得有关的逻辑公式（Kornienko et al.，2015）。该方法进行知识表示易于理解，适合表述事实性知识及事物间确定的因果关系，但容易产生语义混乱且难以表述过程性和启发性的知识（温有奎等，2005）。

4. 框架表示法

框架主要用来表示具有重复性的一连串事件，通过对这些重复性事件的抽象，可以形成表示该类事件的框架，是一种结构化的知识表示方法，可描述各类事件内部的具体属性及其相互关系。框架通常由槽组成，槽用来表示事物的各个方面，一个槽可以包含多个侧面，而一个侧面又可拥有若干个值。因此在框架表示法中，框架是知识表示的基本单元，通过事件内部属性间或不同事件属性间的关联关系，在不同的框架间建立联系，从而构成框架网络，更充分地表达事物对象间的各种关系。

5. 知识元表示法

知识元概念源于情报学领域，被认为是构成知识的最小单位和知识管理的基础。目前，对知识元概念的理解及其技术方法也因应用领域不同而各不相同。温有奎等（2005）提出：知识元是不可再分割的具有完备知识表达的知识单位。席运江和党延忠（2008）认为：知识元是构成知识结构且具有完备知识表达的最小独立单元，反映自然界、人类社会及科学认知的微观规律性。姜永常等（2007）认为，知识元用来表示针对特定问题的解决方案，它可以是概念、方法、规则、公理等数据或事实及实例化的知识。知识元表示是对知识元进行符号化和形式化处理的过程。

大连理工大学王延章团队对知识元理论、模型和方法开展了系统研究。王延章（2011）认为，知识元具有最简单的一致性，是人类认知客观事物的基本单元，具有相对的独立性；通过知识元来融会人类对客观事物的认知，可以实现对真实系统的整体描述、混合推演和综合诠释；提出的共性知识模型摆脱了文本单元及模型知识表示的限制，并可实现知识元属性间关联关系的隐性描述（陈雪龙和镇培，2014）。在此基础上，该团队在知识元体系构建、知识元管理、基于知识元的信息知识融合、知识元网络等方面做了大量研究，并在应急领域、产业经济、企业管理等方面都开展了广泛的应用。鉴于知识元模型的本原性和细粒度等特性，许多学者将其应用于突发事件应急决策知识管理，如食品安全事故应急处置、洪水应急决策、应急模型仿真、突发事件情景演化等。

1.2.2　竞争情报融合相关研究

1. 竞争情报的知识表示

国外学者更多地认为竞争情报是一种过程，即情报的采集、加工和分析过程。Colakoglu（2011）将竞争情报定义为，组织为收集和分析竞争对手的信息与社会、政治和经济环境而发起的系统过程。Hughes（2005）认为，竞争情报是将竞争外部环境的原始信息转化为智能信息以支持业务决策的过程。我国竞争情报研究中，包昌火等（2011）认为，竞争情报是关于竞争环境、竞争对手和竞争策略的信息和研究，它既是竞争情报的收集和分析的过程，又是由此形成的情报或策略的产品。童品德（2006）指出，竞争情报是在一切合法的前提下，对有关信息进行筛选、提炼和分析，可据之采取行动的有关竞争对手和竞争环境的信息集合体。张玉峰和朱莹（2006）认为，企业竞争情报是合法与合理地搜集、分析和分发有关竞争对手、竞争环境和竞争对手能力、意图及薄弱环节方面的信息，并将原始信息转换为情报的过程。

识别和分析竞争情报对于企业提升核心竞争力尤为重要。企业开展竞争情报活动的目的是监测商业环境中的相关信息，对竞争对手进行监控和评估，感知外部环境变化可能带来的机遇或威胁以提供预警，为战略和竞争决策提供依据，从而帮助企业提升自身的综合竞争力甚至是核心竞争力以及削弱对手的竞争优势。特别是在大数据时代，技术创新、竞争者策略、客户评价、合作伙伴需求等海量的竞争情报在网络环境中涌现，企业的管理决策越来越依赖于数据分析，企业管理者比以往任何时候都更加关注竞争情报，否则企业将会错失商业机会，滞后于市场发展甚至陷入危机。企业竞争情报的研究路径由面向精心设计挑选的小数据分析过程变为面向全源粗糙海量的大数据分析过程。化柏林和李广建（2015）从数据环境、业务需求及流程对比三个角度剖析了大数据环境下竞争情报的特点。然而，大数据在为企业提供更为丰富多样的竞争情报信息之余，也使得企业不得不正视开展竞争情报收集和分析所付出的成本及承担的风险。一方面，大数据有利于提高竞争情报的真实性、精准性及实时性；另一方面，庞大而复杂的数据考验着竞争情报系统的技术体系结构和数据处理能力（黄晓斌和钟辉新，2013）。

探索竞争情报的知识管理途径，对于有效提升竞争情报的效能具有积极影响。刘振华和盛小平（2014）探讨如何实现知识管理与竞争情报的集成；李柏红（2007）提出了基于知识管理的企业竞争情报系统的实施对策；赵洁（2010a）提出基于实体的 Web 竞争情报表示方法以获得竞争对手或竞争环境的结构化描述，再建立竞争情报概念模型，以构建针对特定竞争对手的竞争情报表示框架。在情报研究领域，本体一直是知识表示领域重点关注的研究对象之一。郭凯（2010）通过领域本体对产品进行推理查询，以产品关系的相关情报判定企业关系；赵洁（2010b）定义了企业竞争情报本体表示结构，用于后续的竞争情报分析。虽然本体一直用于知识表示和知识发现，但是由于本体构建的复杂性，应用本体进行知识推理需要建立规则，对应用数据的要求也很高，需要大量的人工干预。由此可见，本体在竞争情报中的应用面有限，现有的研究主要是对某些特定领域里的竞争情报主题概念和关系进行描述，无法表示跨领域等复杂类型的知识，其通用性和实用性不佳（李国杰和程学旗，2012）。

王延章（2011）提出的知识元模型从对象、属性、关系三个层面表示事物的固有特征。相对于本体等知识表示方法，知识元表示法在本原性、通用性和结构化等方面能更好地应对大数据知识表示难题，为高效的关联知识挖掘和融合提供完备的知识结构。现有研究中，基于知识元模型的竞争情报知识体系的构建（孙琳和王延章，2017a）、情报源辨识方法（Sun and Wang，2015）、多源融合方法

（孙琳和王延章，2017b）等研究也取得了阶段性的理论和应用成果。

2. 竞争情报融合方法

数据是信息的载体和知识的源泉，大数据环境下的竞争情报分析更加强调数据和信息在整个链条中的基础与核心作用，注重对"原生态"竞争情报的清洗与融合、信息分析与内容挖掘等流程。信息融合、知识融合和关系融合技术已成为情报研究知识化、智能化发展的主流技术手段。

1）信息融合方法

在多源异构环境中，数据间的语义冲突多，数据的可信度差别大。因此，必须要对获取的竞争情报"粗糙数据"进行筛选，去掉语义冲突和可信度低的垃圾数据，即对竞争情报进行信息融合。此外，多源信息融合还通过协同利用多种来源、不同形式的信息，获得对同一对象的更客观、更本质认识的信息综合处理。国内外学者在信息资源融合领域进行了多方探索，如基于本体、XML（extensible markup language，可扩展标记语言）数据、主题图、目录服务等构建信息融合模型均取得了一定的研究成果。信息融合技术主要涉及不确定性数据和矛盾数据的冲突解决技术，以及匹配连接、完全析取、模式匹配、模式映像等数据合并技术。在竞争情报的信息整合预处理过程中，如何把多源数据对象及其关系进行融合、重组仍是技术实现的难点问题。目前，一些研究针对网页文本内容进行融合处理，保留与竞争主体相关的文本信息（韩毅，2006）。此外，相似度分析也是目前广泛应用的信息融合方法之一，其最初是基于坐标和距离的几何相似度计算，随后，对比相似度模型和扩展特征相似度模型的相关应用研究得到了不断丰富。

2）知识融合方法

知识融合被视为大数据环境下有效收集、组织和使用情报的有效方法。其中，不确定性推理方法在知识融合领域中的应用非常广泛，如采用 D-S 证据推理法、贝叶斯估计法、模糊逻辑法、神经网络法等在模型构建和优化方面均取得了不同程度的效果，但在数据处理的精度和算法的复杂度方面仍存在不足（Soundappan et al.，2004）。表1.1 显示了上述主流方法在处理不确定性推理方面的优势和劣势。相较于其他方法，D-S 证据理论能够在不需要提供先验概率信息的条件下对由随机性和模糊性导致的不确定性问题进行决策，且即便仅有少量信源证据，依然能够得到不确定性度量结果。

证据理论能够对不确定性问题进行有效处理，特别是基于多证据的专家决策模型能够进行有效的知识融合。目前，在传统的 D-S 证据理论框架下，围绕证据合成规则和模型改进（Dempster，1967；Yager，1987；Zhang et al.，2014；Murphy，2000），特别是针对高冲突或不可靠证据间融合及快速合成算法等问题依然是研究热点；Florea 等（2009）提出自适应的证据组合规则用以自动评估不

表 1.1　主流的不确定性推理和知识融合方法比较

方法	优点	缺点
D-S 证据推理法	没有预先假定；将不确定性的不精确性和冲突区分开来；使用少量量化信息度量不确定性；减少了知识空间的复杂性	使用概率区间度量事件；未考虑专家可靠性
贝叶斯估计法	使用数值度量事件概率；考虑了专家的可靠性	假设对结果影响显著
模糊逻辑法	关注同类间的隶属度；连续的特征函数生成	明确模糊子集的标准和识别目标；隶属函数较大的校验误差；强随机变化时无效
神经网络法	自学习和自适应能力；非线性映射能力；纠错能力	依赖于构建训练模型；泛化能力取决于模型的选择

可靠或高冲突证据；冷宣兵等（2010）针对证据合成准则在辨别框架较大时计算复杂问题，提出了模块化程度较高的矩阵运算公式；Deng 等（2004）利用证据距离方法来衡量证据冲突；Guo 和 Li（2011）将焦元间的聚焦度引入证据合成方法中，使融合结果更简明合理；Schubert（2012）提出在识别框架不完备条件下的开放识别框架方法。证据理论还被扩展用于进行多属性组合型证据的融合计算（Sun and Wang，2015）。

3）关系融合方法

关系是复杂系统中网络构成的基本单位和要素。在关系挖掘技术领域，大数据关系挖掘、语义分析等研究成果也为竞争情报的关联知识融合提供了支持。付慧蕾（2015）设计了一种基于 MapReduce 的关系挖掘技术，实现对文本中实体关系的自动识别和提取；赵洁（2010b）提出基于网页实体关系抽取与融合的企业竞争情报获取系统框架；姚衡（2016）基于贝叶斯网络推理模型进行大数据的因果关系挖掘；丁晟春和江超男（2011）基于社会关系领域本体构建 SWRL（semantic web rule language）规则以自动挖掘隐含关系；温有奎和成鹏（2007）利用共被引知识关联发现知识元间隐含的关联关系；杨建林（2011）利用相似性度量进行知识元与知识需求的相关性分析。

在竞争情报应用领域，企业商业关系识别、产品特征关系挖掘、观点挖掘等研究取得了诸多成果：赵洁（2013）通过实体关系抽取方法提取 Web 竞争对手等商业关系的初步情报；郭凯（2010）基于文本相似度和领域本体方法构建 Web 竞争情报的企业关系挖掘原型系统，实现潜在竞争及合作关系企业的自动分析；孙春华和刘业政（2013）利用产品特征词关系识别技术进行客户评论倾向性分析；张玉峰等（2012）设计了一种多维关联分析算法以实现动态竞争情报的语义挖掘。此外，化柏林和李广建（2015）从关联关系融合、空间关系融合和时间关系融合三个视角进行多源竞争情报的关系融合研究。

1.2.3 决策知识融合相关研究

1. 模糊不确定性决策知识的测度研究

在市场竞争日益激烈的现代社会，社会环境日益复杂，海量多元信息随机更新的情形下人们面对的决策问题的复杂性逐渐增强，使得人们在决策知识表达与描述中充满不确定性（如模糊性）。词计算提供了贴近人类认知模型的工具，加大了复杂决策问题模糊知识描述的灵活性。模糊语言是描述模糊不确定性知识的直接形式，能够反映出人们对问题认知的模糊不确定性，被广泛应用于复杂决策问题的模糊不确定性知识描述。近年来，考虑到传统模糊语言描述模糊不确定性决策知识时不够细致，许多学者围绕传统模糊语言进行拓展研究，为各种模糊不确定性应急决策知识描述提供更灵活、更舒适的工具。例如，Xu（2004）考虑主观认知模糊性或客观的信息不确定性等因素影响，提出了不确定模糊语言的概念。王坚强和李寒波（2010）提出了直觉模糊语言概念，利用直觉模糊数分别描述模糊语言变量的隶属度和非隶属度，不仅能刻画出决策人员对决策知识的信心水平，还能反映出决策人员对知识求解决策问题的犹豫程度，实现了对模糊不确定性知识的细致和精细的描述。在处理实际问题中，对称的模糊语言集合并不能很好地满足决策需求。为此，Herrera 等（2008）提出了一种非对称的模糊语言集。近几年，不平衡非对称的模糊不确定性描述方法受到了广大学者的关注，为模糊不确定性决策知识描述提供了丰富的理论基础。

同时，考虑到不同领域和不同专业人员在知识结构、文化背景和认知能力等方面存在差异，因而决策人员解决问题的水平和能力有所不同。为了满足不同能力人员准确描述模糊不确定性决策知识的需求，众多学者研究了多粒度模糊语言相关理论，并取得了丰富成果。例如，Herrera 等（2000）首次提出多粒度模糊语言转化方法，该方法基于模糊集理论将不同粒度的模糊语言转换为给定模糊集上的一组模糊数，为后续分析奠定了基础。Chen 和 Ben-Arieh（2006）为进一步完善上述方法提出一种基于覆盖度的不同粒度模糊语言转换方法，不足之处在于该方法计算过程极其复杂。此外，一些学者结合模糊集理论，通过将模糊语言转化成模糊数的方法解决了多粒度模糊语言的管理问题。事实上，在复杂决策问题处理过程中通常难以构建一个公认的合理隶属度函数来描述模糊语言的语义信息，故而计算过程中不可避免会产生信息损失。为此，Herrera 和 Martínez（2000）提出二元组描述的二元语义模型，通过构建模糊语言层级结构，使用二元语义模型实现多粒度模糊语言的一致化，基于二元语义模型的方法不仅提高了计算精度，还保证了运算结果的可解释性。基于上述优势，二元语义模型被广泛应用于社会生产实践中模糊不确定性决策知识的描述。

2. 模糊不确定决策知识融合相关研究

1）融合算子

为了科学地进行决策，避免因个体知识不完备等因素造成决策错误，需要将不同个体的决策知识融合形成综合决策知识，为决策者做出正确判断提供决策支持。算子是知识融合的重要工具。Yager（1988）介绍了有序加权融合算子概念用于解决多源信息的集成与融合问题，随后掀起了基于算子的融合方法研究热潮。随着经典数学算子的不断发展，模糊语言融合算子在已有理论基础上取得了显著的研究进展，如模糊语言有序加权平均算子、模糊语言加权（几何）平均算子、模糊语言有序加权平均距离算子、诱导模糊语言有序加权平均算子、模糊语言加权 power 平均算子及模糊语言 Choquet 算子等相继被提出并用于解决模糊不确定性知识融合问题（Merigó et al.，2012；Wu et al.，2014；Merigó and Casanovas，2011）。同时，伴随着模糊语言的拓展研究，二元语义模型的提出及其在模糊不确定性知识描述上的优势，使得二元语义融合算子也受到广大学者的关注。Herrera 和 Martínez（2000）首次介绍了二元语义信息集成算子——二元语义（有序）加权平均算子；Jiang 和 Fan（2003）提出了二元语义有序加权几何平均算子（2TOWG）和二元语义加权几何平均算子（2TWG）；Xu 和 Wang（2011）提出了二元语义 power 平均算子和二元语义加权 power 平均算子。考虑到传统广义算子和诱导广义算子在数值信息融合中的很好应用，Wei（2011a）将其引入二元语义信息集成中，分别提出了广义二元语义（有序）加权平均算子和诱导广义二元语义（有序）加权平均算子。此外，考虑到不确定环境下权重信息用模糊语言形式刻画的知识融合问题，扩展二元语义（有序）加权平均算子、二元混合语言加权平均算子（T-HLWA）和扩展二元混合语言加权平均算子（ET-HLWA）等被提出并用于解决权重信息是二元语义形式的决策知识融合问题（Wan，2013；Wei，2011b）。

随着直觉模糊语言成为一种重要的模糊不确定性知识表达方式，关于该模型的融合算子也逐渐受到学者的关注。王坚强和李寒波（2010）介绍了直觉语言加权平均算子。Liu 和 Wang（2014）受 power 集成算子和广义集成算子影响，提出了直觉语言 power 广义加权平均算子和直觉语言 power 广义有序加权平均算子，并讨论了算子的交换性、幂等性和单调有界性等性质。在广义集成算子和依赖型集成算子方法的启发下，直觉语言广义加权平均算子和直觉语言广义依赖型有序加权平均算子被提出，并进一步分析了直觉语言广义依赖型有序加权平均算子的性质，如交换性和有限性等。Maclaurin 对称平均能够较好地获取多个输入参数间的内在联系，被广泛应用于信息集成算子中。Ju 等（2016）将其拓展到直觉语言信息中并提出了直觉语言 Maclaurin 对称平均算子和加权直觉语言 Maclaurin 对称平均算子。同时，一些学者围绕直觉语言的拓展模型的融合算子也进行了一些必要的讨论和研究，如直觉不确定模糊语言信息集成算子、区间直觉语言模糊信息集成算子和区间直觉不确定模糊语言集（Z. Liu and P. Liu，2017；Wang et al.，2017）。

2）融合权重

通过分析上述研究成果可以发现，权重是影响融合算子计算结果的关键因素。权重是融合要素对融合结果影响程度的刻画，其准确性直接影响到决策结果。在决策中不合理的权重信息可能造成错误决策，并造成不可估量的后果。不同决策人员的学科领域背景和知识经验等的差异，给决策者准确刻画权重信息带来很大不确定性。因此，如何科学确定融合权重成为应急决策知识融合研究的难点，也成为管理科学领域的研究重点问题之一。

目前，关于权重的研究思路可分为三种：一是基于主观认知的思路，核心思想是根据决策者的知识和经验主观判断权重信息，该方法可以准确地反映决策者的意向，但通常情况下其可靠性较差，这主要与人的知识水平、能力和经验等有很大的关系。特别地，在处理复杂应急决策问题时对决策者能力要求更高，给决策者带来巨大压力进而影响决策的准确性。二是基于客观分析的思路，其认为决策人员在提供应急决策知识时已经将权重信息蕴含在其提供的知识中。数据和信息是知识的载体，通过信息研判和数据分析等手段挖掘决策知识中隐含的权重信息是求解权重的客观思路。长期以来，国内外学者对客观权重确定方法不断地进行探索与创新，并取得了丰硕的研究成果，如熵权法（陈雷和王延章，2003）、基于熵理论的客观权重方法（管清云等，2015）、变异系数法、基于优化模型的权重方法（Yu and Lai，2011；Dong et al.，2016）、灰关联分析法（Zhang et al.，2018；闫书丽等，2014）等。客观权重方法虽在一定程度上减少了决策人员主观因素对决策结果的影响，但完全依赖客观的权重方法可能会产生结果与实际情况不符的问题。换句话说，重要的知识或属性被赋予较小的权重取值，而并不重要的知识却可能具有最大权重值。三是基于主客观综合的思路，为解决主观权重方法和客观权重方法的各自不足，一些学者将主观和客观权重方法以一定方式结合得到综合权重信息。这种方法既可以充分利用客观信息，又能一定程度满足决策人员的主观愿望。从表面上看，主客观综合思路解决了主观权重方法和客观权重方法的不足，但如何确定主观权重和客观权重的比例系数至今未给出一个较为合理的方法。主观判断方法被广泛应用于比例系数确定，但在一定程度上也会出现基于主观权重方法的不足，造成结果具有较大的主观随意性。

面对复杂决策问题，决策人员受限于决策环境不确定性和自身能力有限性，通常很难给出精确的主观权重信息，比较合理的处理方式是使用不确定性权重信息描述主观权重信息。一般地，不确定权重信息可描述为以下几种形式：① $\alpha \leqslant w_i \leqslant \alpha + \varepsilon$；② $w_i \leqslant w_k$；③ $w_i - w_k \geqslant \varepsilon$；④ $w_i \geqslant \eta w_k$。不确定权重信息提高了主观权重信息描述的灵活性，有利于减轻决策人员的决策压力，进而提高决策的准确性。一些学者以不确定权重信息为约束条件构建优化模型，给出了一种新的主客观综合的权重求解思路（Zhang et al., 2018；Li and Wan, 2013）。相比传统主客观综合权重方法，该方法虽在一定程度上减少了绝对主观意愿的影响，但仍避免不了求解结果由决策人员主观意愿主导的问题。例如，不确定信息 $w_1 > 0.15$，$0.2 \leqslant w_2 \leqslant 0.35$ 中 0.15、0.2 和 0.35 的取值依然基于决策人员主观认知进行评判。现有部分成果从决策知识的模糊不确定性测度方法入手，结合知识测度模型的特征，给出了一种不确定权重信息的客观评判方法，为准确计算权重提供了一种新的思路（孙琳和王延章，2017a；Wu et al., 2014）。目前，该思路处于初始探索阶段，需要深入挖掘知识中蕴含的丰富信息和知识，进一步提高和拓宽不确定权重信息的客观评判方法，为准确地分析权重信息提供科学依据。

1.2.4　研究现状述评

以上研究为本书的研究提供了丰富的理论、方法和技术基础，并具有一定启发性。然而，现有研究依然存在一些不足或问题，在全面性和细致性方面仍需进一步深化，主要表现在以下几方面。

第一，知识元理论还需进一步完善。基础知识元模型为多领域跨行业的复杂事物对象的知识表示与管理提供了完备的知识结构，通过辨识知识元的关联模式，以知识元网络为纽带集成各类知识，并通过人工可参与的知识、模型和数据的混合计算，揭示、诠释和预测复杂情景，为管理决策提供智慧服务。然而作为混合计算的核心基础，从知识元层面进行知识元、关系集及属性集扩展或融合生成新知识元的理论较欠缺。因此，有必要从知识元层面对知识元融合理论进行进一步丰富，为融合多源多媒介传统知识载体集的知识进行综合决策奠定坚实基础。

第二，竞争情报融合方法还需进一步细化。已有研究多数聚焦于对大数据竞争情报系统框架层次，以及情报特征要素的频率统计、共词计算等知识发现的数据准备层次上，缺乏一种有效应对海量粗糙数据特征的竞争情报多层次融合方法，以克服大量冗余噪声数据的干扰，对情报源数据进行辨识、重构和解析并支持情报片段信息的整合，揭示竞争情报中蕴藏的关联知识，并最终凝练为竞争形势动态情报及其应对决策知识。因此，有必要细化竞争情报融合方法，在决策需求目标导向下，对情报资源进行概念分析和知识推理，进一步揭示多主体之间的内在关联，萃取隐性的、深层次的情报知识，并对挖掘过程及结果进行揭示与序化，以提升竞争情报的知识性和智慧性。

第三，模糊不确定性决策知识融合方法还需继续深入探讨。权重是影响知识融合结果可靠性和合理性的重要参数。在已有研究成果中，过于依赖人的主观意愿可能因主观偏好或知识不全面而做出错误决策，而仅凭客观分析的方法可能会忽视人的主观能动性。尤其在决策主体是人的情形下，如果忽略人的主观能动性，可能造成结果与现实的偏离。现在关于不确定性环境下融合权重的研究虽取得了一定的成果，但只是从数据或信息本身出发，缺乏对数据背后隐藏的决策行为的深入思考。因此，有必要深入挖掘决策知识中隐藏的重要信息，并充分考虑人的主观能动性与问题的客观实际，对提高决策知识融合的科学性、合理性和准确性具有重要现实意义。

1.3 本书内容安排

本书的组织结构和章节之间的关系如下。

第 1 章：绪论。阐述了情报融合和决策知识融合的背景和意义，总结分析了国内外相关研究现状，为后续章节内容铺垫基础。

第 2 章：基础知识元及其融合理论。介绍了基础知识元的框架模型、属性及测度模型和属性关系测度模型等基本概念与模型表示，详细阐述了知识元的属性融合和属性关系融合方法，为后续研究奠定理论基础。

第 3 章：基于知识元的多源情报片段融合。介绍了竞争情报知识体系构建与情报知识元模型，进一步讨论了基于先验知识的情报元获取思路。在此基础上，提出了基于情报元相似度的多源情报片段融合方法，并构建了基于时间序列特征的情报元序化和重构方法。

第 4 章：基于情报元关系的情报融合方法。综合知识元网络生成、知识元相似度和知识元多属性融合构建了基于知识元与情报元综合关系的竞争情报融合框架，开展了企业竞争角色关系的情报辨识、敏感竞争事件关系的情报跟踪以及战略决策关键要素特征关系的情报融合研究。

第 5 章：基于知识元的决策知识获取与融合框架。构建了基于知识元的决策知识模型，在此基础上，提出了基于知识的决策知识获取方法，进一步构建了决策知识融合框架，并对融合过程中的关键技术进行了探讨，为第 6 章具有模糊不确定性的决策知识融合方法研究提供框架指导。

第 6 章：具有模糊不确定性的决策知识融合方法。考虑复杂不确定决策问题中决策专家描述决策知识的模糊不确定性特点，分别对模糊语言、二元语义和直觉模糊语言描述的决策知识融合问题进行研究，提出了相应的融合方法。

第 7 章：情报融合方法在企业战略决策中的应用。将第 3 章和第 4 章提出的融合方法应用于企业战略竞争决策中情报融合的问题，通过应用案例对第 3 章和第 4 章的内容进行说明和验证。

第 8 章：知识融合方法在社会公共安全应急决策中的应用。针对社会安全应急决策问题中决策知识融合存在的不足，将第 6 章提出的融合方法应用到群体性突发事件应对处置的决策中，通过案例对本书提出的融合方法进行验证。

本书章节结构框架如图 1.1 所示。

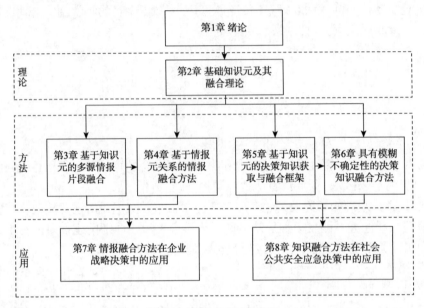

图 1.1　本书章节结构框架

参 考 文 献

包昌火，李艳，王秀玲，等. 2011. 竞争情报导论[M]. 北京：清华大学出版社.

包昌火，赵刚，黄英，等. 2004. 略论竞争情报的发展走向[J]. 情报学报，23（3）：352-366.

陈雷，王延章. 2003. 基于熵权系数与 TOPSIS 集成评价决策方法的研究[J]. 控制与决策，18（4）：456-459.

陈雪龙，镇培. 2014. 知识网络的知识完备性测度方法研究[J]. 情报学报，33（5）：465-480.

丁晟春，江超男. 2011. 基于 SWRL 规则推理的隐含关系挖掘[J]. 现代图书情报技术，（3）：68-72.

付慧蕾. 2015. 大数据环境下实体关系挖掘关键技术研究[D]. 北京交通大学硕士学位论文.

管清云，陈雪龙，王延章. 2015. 基于距离熵的应急决策层信息融合方法[J]. 系统工程理论与实践，35（1）：216-227.

郭凯. 2010. 企业关系挖掘技术研究[D]. 哈尔滨工业大学硕士学位论文.

韩毅. 2006. 网络竞争情报采集的文档过滤与净化[J]. 情报理论与实践，29（6）：761-763.

化柏林，李广建. 2015. 大数据环境下的多源融合型竞争情报研究[J]. 情报理论与实践，38（4）：1-5.

黄晓斌，钟辉新. 2013. 基于大数据的企业竞争情报系统模型构建[J]. 情报杂志，32（3）：37-43.

姜永常，杨宏岩，张丽波. 2007. 基于知识元的知识组织及其系统服务功能研究[J]. 情报理论与实践，30（1）：37-40.

冷宣兵，王平，张立. 2010. 证据理论合成准则的一种新算法及其验证[J]. 计算机仿真，27（2）：162-165.

李柏红. 2007. 基于知识管理的竞争情报系统的构建[D]. 吉林大学硕士学位论文.

李国杰，程学旗. 2012. 大数据研究：未来科技及经济社会发展的重大战略领域——大数据的研究现状与科学思考[J]. 中国科学院院刊，27（6）：647-657.

刘振华，盛小平. 2014. 竞争情报与知识管理的集成系统研究[J]. 情报科学，32（3）：18-22.

孙春华，刘业政. 2013. 基于产品特征词关系识别的评论倾向性合成方法[J]. 情报学报，32（8）：844-852.

孙琳，王延章. 2017a. 基于企业资源的竞争情报知识元构建与融合机制研究[J]. 情报理论与实践，40（7）：67-73.

孙琳，王延章. 2017b. 基于知识元的多源竞争情报融合方法研究[J]. 情报杂志，36（11）：65-71.

童品德. 2006. 竞争情报及其在我国发展问题研究[D]. 首都经济贸易大学硕士学位论文.

王坚强，李寒波. 2010. 基于直觉语言集结算子的多准则决策方法[J]. 控制与决策，25（10）：1571-1574，1584.

王延章. 2011. 模型管理的知识及其表示方法[J]. 系统工程学报，26（6）：850-856.

温有奎，成鹏. 2007. 基于知识单元间隐含关联的知识发现[J]. 情报学报，26（5）：653-658.

温有奎，徐国华，赖伯年，等. 2005. 知识元挖掘[M]. 西安：西安电子科技大学出版社.

席运江，党延忠. 2008. 基于加权知识网络的个人及群体知识结构分析方法[J]. 管理工程学报，22（3）：1-4，35.

闫书丽，刘思峰，方志耕，等. 2014. 区间灰数群决策中决策者和属性权重确定方法[J]. 系统工程理论与实践，34（9）：2372-2378.

杨建林. 2011. 知识表示与知识相关性度量研究[J]. 情报理论与实践，34（5）：1-5.

姚衡. 2016. 基于贝叶斯网络的大数据因果关系挖掘[D]. 云南财经大学硕士学位论文.

张玉峰，何超，李琳. 2012. 基于联机分析挖掘的动态竞争情报多维语义分析研究[J]. 情报学报，31（2）：166-173.

张玉峰，朱莹. 2006. 基于 Web 文本挖掘的企业竞争情报获取方法研究[J]. 情报理论与实践，29（5）：563-566.

赵洁. 2010a. Web 竞争情报可信性评价：问题分析与研究框架[J]. 情报学报，29（4）：586-596.

赵洁. 2010b. 基于关系抽取的企业竞争情报获取与融合框架[J]. 情报学报，29（2）：377-384.

赵洁. 2013. 面向 Web 的企业竞争情报获取研究[D]. 中国科学技术大学博士学位论文.

Chen Z，Ben-Arieh D. 2006. On the fusion of multi-granularity linguistic label sets in group decision making[J]. Computers & Industrial Engineering，51（3）：526-541.

Colakoglu T. 2011. The Problematic of competitive intelligence：how to evaluate & develop competitive intelligence?[J]. Procedia-Social and Behavioral Sciences，24：1615-1623.

Dempster A. 1967. Upper and lower probabilities induced by multivalued mapping[J]. The Annals of Mathematical Statistics，38（2）：325-339.

Deng Y，Shi W K，Zhu Z F，et al. 2004. Combining belief functions based on distance of evidence[J]. Decision Support Systems，38（3）：489-493.

Dong Y，Zhang H，Herrera-Viedma E. 2016. Integrating experts' weights generated dynamically into the consensus reaching process and its applications in managing non-cooperative behaviors[J]. Decision Support Systems，84：1-15.

Florea M C，Jousselme A L，Bossé É，et al. 2009. Robust combination rules for evidence theory[J]. Information Fusion，10（2）：183-197.

Guo K，Li W. 2011. Combination rule of D-S evidence theory based on the strategy of cross merging between evidences[J]. Expert Systems with Applications，38（10）：13360-13366.

Herrera F，Herrera-Viedma E，Martínez L. 2000. A fusion approach for managing multi-granularity linguistic term sets in decision making[J]. Fuzzy Sets and Systems，114（1）：43-58.

Herrera F，Herrera-Viedma E，Martínez L. 2008. A fuzzy linguistic methodology to deal with unbalanced linguistic term sets[J]. IEEE Transactions on Fuzzy Systems，16（2）：354-370.

Herrera F，Martínez L. 2000. A 2-tuple fuzzy linguistic representation model for computing with words[J]. IEEE Transactions on Fuzzy Systems，8（6）：746-752.

Hughes S. 2005. Competitive intelligence as competitive advantage：the theoretical link between competitive intelligence，strategy and firm performance[J]. Journal of Competitive Intelligence and Management，3（3）：3-18.

Jiang Y P，Fan Z P. 2003. Property analysis of the aggregation operators for two-tuple linguistic information[J]. Control & Decision，18（6）：754-757.

Ju Y，Liu X，Ju D. 2016. Some new intuitionistic linguistic aggregation operators based on Maclaurin symmetric mean and their applications to multiple attribute group decision making[J].

Soft Computing, 20（11）: 4521-4548.

Kornienko A A, Kornienko A V, Fofanov O B, et al. 2015. Knowledge in artificial intelligence systems: searching the strategies for application[J]. Procedia-Social and Behavioral Sciences, 166（7）: 589-594.

Li D F, Wan S P. 2013. Fuzzy linear programming approach to multiattribute decision making with multiple types of attribute values and incomplete weight information[J]. Applied Soft Computing, 13（11）: 4333-4348.

Liu P, Wang Y. 2014. Multiple attribute group decision making methods based on intuitionistic linguistic power generalized aggregation operators[J]. Applied Soft Computing, 17: 90-104.

Liu Z, Liu P. 2017. Intuitionistic uncertain linguistic partitioned Bonferroni means and their application to multiple attribute decision-making[J]. International Journal of Systems Science, 48（5）: 1092-1105.

Merigó J M, Casanovas M. 2011. Decision-making with distance measures and induced aggregation operators[J]. Computers & Industrial Engineering, 60（1）: 66-76.

Merigó J M, Gil-Lafuente A M, Zhou L G, et al. 2012. Induced and linguistic generalized aggregation operators and their application in linguistic group decision making[J]. Group Decision and Negotiation, 21（4）: 531-549.

Murphy C K. 2000. Combining belief functions when evidence conflicts[J]. Decision Support Systems, 29（1）: 1-9.

Schubert J. 2012. Constructing and evaluating alternative frames of discernment[J]. International Journal of Approximate Reasoning, 53（2）: 176-189.

Soundappan P, Nikolaidis E, Haftka R T, et al. 2004. Comparison of evidence theory and Bayesian theory for uncertainty modeling [J]. Reliability Engineering and System Safety, 85: 295-311.

Studer R, Benjamins V R, Fensel D. 1998. Knowledge engineering: principles and methods[J]. Data & Knowledge Engineering, 25（1/2）: 161-197.

Sun L, Wang Y Z. 2015. Identifying the core competitive intelligence based on enterprise strategic factors[J]. Journal of Shanghai Jiaotong University（Science）, 20（1）: 118-123.

Wan S. 2013. 2-Tuple linguistic hybrid arithmetic aggregation operators and application to multi-attribute group decision making[J]. Knowledge-Based Systems, 45: 31-40.

Wang P, Xu X H, Wang J Q, et al. 2017. Some new operation rules and a new ranking method for interval-valued intuitionistic linguistic numbers[J]. Journal of Intelligent & Fuzzy Systems, 32（1）: 1069-1078.

Wei G W. 2011a. Some generalized aggregating operators with linguistic information and their application to multiple attribute group decision making[J]. Computers & Industrial Engineering, 61（1）: 32-38.

Wei G W. 2011b. Grey relational analysis method for 2-tuple linguistic multiple attribute group decision making with incomplete weight information[J]. Expert Systems with Applications, 38（5）: 4824-4828.

Wu Y, Geng S, Zhang H, et al. 2014. Decision framework of solar thermal power plant site selection based on linguistic Choquet operator[J]. Applied Energy, 136: 303-311.

Xu Y, Wang H. 2011. Approaches based on 2-tuple linguistic power aggregation operators for multiple attribute group decision making under linguistic environment[J]. Applied Soft Computing, 11（5）: 3988-3997.

Xu Z. 2004. Uncertain linguistic aggregation operators based approach to multiple attribute group decision making under uncertain linguistic environment[J]. Information Sciences, 168（1/4）: 171-184.

Yager R R. 1987. On the Dempster-Shafer framework and new combination rules[J]. Information Sciences, 41（2）: 93-137.

Yager R R. 1988. On ordered weighted averaging aggregation operators in multicriteria decisionmaking[J]. IEEE Transactions on Systems, Man, and Cybernetics, 18(1）: 183-190.

Yu L, Lai K K. 2011. A distance-based group decision-making methodology for multi-person multi-criteria emergency decision support[J]. Decision Support Systems, 51（2）: 307-315.

Zhang C, Hu Y, Chan F T S, et al. 2014. A new method to determine basic probability assignment using core samples[J]. Knowledge-Based Systems, 69: 140-149.

Zhang L, Wang Y, Zhao X. 2018. A new emergency decision support methodology based on multi-source knowledge in 2-tuple linguistic model[J]. Knowledge-Based Systems, 144: 77-87.

第2章　基础知识元及其融合理论

2.1　基础知识元模型

传统意义上讲，模型是客观事物属性及其变化的抽象描述，是客观事物对象或系统在人们主观知识域上映像的表述。人们对客观事物的认识过程就是其概念属性、内部和外部联系变化在主观世界表述的抽象过程。这种抽象表述除了依赖于事物本身固有性质外，还依赖于主观知识域。知识域不同会形成不同的抽象表述，对同一客观事物就会有不同的模型。基础知识元模型是客观事物的共性抽象，其能够以适当粒度和宽容方式描述客观事物单元，运用大系统、大集成理念吸取产生式、语义网络、框架、脚本、概念结构和面向对象等知识表征方法相应优点及本体论相关理念，并把谓词逻辑和规则等知识纳入其关系表示模型中，通过知识元集合及其关系实现图式、认知地图和连接主义等知识表征的功能（王延章，2011）。

基础知识元模型由框架、属性和关系模型三部分组成，是人们在认识事物、逻辑思考和理论分析时使用的最基本单元和形式。目前，基础知识元模型已经被广泛用于复杂社会系统中的知识管理，并取得了丰富的研究成果。

1. 框架模型

基础知识元框架模型是关于客观事物的基本概念和属性特征的构成表示，是知识元模型的基础。对应一个具体的知识元模型 $m(m \in K)$，设 N_m 为对应事物的概念及属性名称，A_m 表示对应的属性状态集，R_m 表示 $A_m \times A_m$ 上的映射关系集，描述属性状态变化及相互作用关系。那么对应的知识元模型的框架可表示为

$$K_m = (N_m, A_m, R_m) \tag{2.1}$$

一般地，对于已认知事物，$N_m \neq \varnothing$，$A_m \neq \varnothing$，$R_m \neq \varnothing$。A_m 至少是可定性描述的状态集，R_m 为结构关系和规则或知识描述的属性状态变化关系集。当对

一个客观事物认知达到较高层次时，一般 A_m 为定量描述的可测状态集，R_m 为数理逻辑关系和函数描述的属性状态变化关系集，从而使这一框架联系相应的属性模型知识。

2. 属性及测度模型

事物与属性是不可分的，一个事物与另一个事物的相同或相异之处在于它们的属性相同或相异。设 $\alpha \in A_m$，若对应属性状态自身在不同时点的变化是可比较的，则称其是可描述的。若对应属性状态是可以量化测度的，则称其是可测度的，并具有测度量纲 d_a。若属性状态是随机变化的，用 d_a 表示概率分布。若属性状态是模糊测度的，用 d_a 表示相应的模糊数。若属性状态是可测的，并且状态随时间的变化是辨识的，则存在函数 $a_t = f_a(a_{t-1}, t)$，其中，a_t 为 t 时刻的属性状态值，则有属性对应的知识元为

$$K_a = (p_a, d_a, f_a) \qquad (2.2)$$

其中，p_a 为可测特征描述。$p_a = 0$ 表示属性状态是不可描述的；$p_a = 1$ 表示属性状态是可描述的；$p_a = 2$ 表示属性状态是常规可测度的；$p_a = 3$ 表示属性状态是随机可测度的；$p_a = 4$ 表示属性状态是模糊可测度的；等等。显然有 $p_a > 0$，$d_a \neq \varnothing$，但 f_a 可能为空。

3. 属性关系模型

设 $r \in \mathbf{R}$ 为 $A \times A$ 上的一个映射，一般情形下，r 具有映射属性，如结构、隶属、线性、非线性、模糊、随机及具体的映射函数等，描述为 p_r。同时有 $r : A_r^I \to A_r^O \left(A_r^I \subseteq A, A_r^O \subseteq A \right)$，其中，$A_r^I$ 为输入属性状态集，A_r^O 为输出属性状态集，对应存在具体映射函数 $A_r^O = f_r(A_r^I)$。这样的映射关系对应知识元表示为

$$K_r = (p_r, A_r^I, A_r^O, f_r) \qquad (2.3)$$

其中，p_r 除了可描述 f_r 属性特征外，还可以扩展描述其如何辨识的方法特征。这里 $p_r \neq \varnothing$，$A_r^I \neq \varnothing$，$A_r^O \neq \varnothing$，$f_r \neq \varnothing$。

这样基础知识元可综合描述为

$$K_b = \bigcup_{m \in K} \left[K_m \bigcup \left(\bigcup_{a \in A_m} K_a \bigcup_{r \in R_m} K_r \right) \right] \qquad (2.4)$$

基础知识元是认知的基础形式，是诠释、理解和组织元数据知识、实体模型知识、形式模型知识和算法算子知识的基础。图 2.1 给出了基础知识元与其他知识的关系示意。由前述基础知识元的形式模型不难理解图中的关系示意。基础知

识元不是孤立的知识表示体，它与元数据知识、实体模型知识、形式模型知识和算法算子知识共同完成综合的知识表示。基础知识元可以记录方式进行分布式存储与管理。基础知识元不依赖具体知识域及其特定情形，是一种本体的抽象性共性的知识描述，可以较好地应对大数据环境下的海量、快速增长及多样性等的知识管理问题。

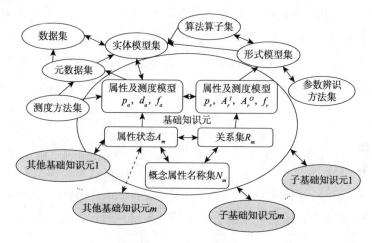

图 2.1 基础知识元与其他知识的关系示意

2.2 知识元的属性融合

人类对事物的认知始于对其概念及属性的描述，知识元以揭示微观本原规律的视角提供了一种对事物认知的共性知识表示方法。无论是关注于属性要素的全集描述还是聚焦于少数关键属性要素描述，无论是出自个体思维还是群体智慧，对于事物属性的选择和描述总会带有个体主观色彩。考虑到认知的主观性、领域视角和语言习惯的差异性等制约因素的影响，融合多源的知识元进行知识元扩展或融合，进而生成融合后的新知识元，是相对客观全面地认知事物的重要基础。

2.2.1 知识元的多属性融合模型

互联网大数据环境为人们提升事物属性认知提供了更为广阔的知识共享平台，开展知识元多属性融合能够进一步完善对事物对象属性要素全集的认知与描述。因此，利用知识元多属性融合方法有利于多主体、跨领域、跨组织的知识协同获取，为面向社会经济的复杂系统决策问题提供日益完备的知识基础。

　　证据理论因其在不需要先验知识且仅需获取少量知识的情况下就能够有效开展不确定性融合而得到广泛应用。在传统的证据理论框架下，决策者对某一对象的认知及其描述都被视为其做出决策的证据。在知识元多属性融合中，证据理论的识别框架即对事物对象不同认知描述中出现的所有属性要素全集，定义为 $\theta=\{a_1,a_2,\cdots,a_N\}$，$a_l(l=1,2,\cdots,N)$ 表示不同的属性要素，N 表示属性个数，即识别框架的规模。将辨识框架中所有属性要素的可能组合划分到 2^θ 空间中，得到 $2^\theta=\{\phi,\{a_1\},\cdots,\{a_1,\cdots,a_N\}\}$，记为 $X=\{\phi,X_1,\cdots,X_{2^N-1}\}$，其中，$X_1=\{a_1\},X_2=\{a_2\},\cdots,X_{2^N-1}=\{a_1,\cdots,a_N\}$，称为属性要素命题（简称命题），其中，任意命题 $X_i\left(i\in\left\{1,2,\cdots,2^N-1\right\}\right)$ 表示对该事物完整属性集认知的一种描述形式。属性集中各要素间不存在先后顺序、主次关系或隶属关系。在此框架下，不同信源对于同一事物对象知识元的完整属性集描述构成了相互独立的证据，且只能与 2^θ 中的唯一命题相对应。

　　进行知识元属性融合的目的在于通过多源证据确定某一事物对象的属性全集的共识描述应该包含哪些要素。证据理论中，命题集中各要素之间是互斥的且没有必然联系。考虑到决策目标的组合型特征，多属性融合方法中命题间可能存在复杂关系（如部分支持、完全支持、完全否定等）。例如，假设存在命题集 $X_1=\{a,b,c\}$、$X_2=\{a,b,d\}$、$X_3=\{e,f,g\}$，显然不考虑复杂语义关系的前提下，X_2 部分支持 X_1，而 X_3 完全否定 X_1。因此，在进行证据理论框架下的两命题 X_1 和 X_2 的融合时，需要考虑到 $X_1\cap X_2=\{a,b\}$ 的特殊因素。事实上，可能存在某些命题从未被用来描述事物的属性全集的情况，其原因可能在于命题的属性要素组合过于简短；也可能是该命题中的某几个要素间可能存在反义、包含或相交等语义互斥特征（研究假设语义互斥要素不被同一信源同时提及）。这一特殊情况也需要在证据组合规则设计中得到充分考虑。

　　传统框架在不考虑证据可靠性的情况下，对多个信源提供的相关证据进行计数统计，则任一命题 X_i 的基本概率分配函数定义为

$$\begin{cases} m(\phi)=0 \\ m(X_i)=\dfrac{n_i}{\displaystyle\sum_{i=1}^{2^N-1}n_i},\ \sum m(X_i)=1 \end{cases} \tag{2.5}$$

其中，$m:2^\theta\to[0,1]$，被视为对各命题信任度的初始分配；n_i 为符合命题 X_i 的证据数量。来自不同信源的证据中不可避免夹杂着干扰证据。融合方法应通过合理的信源可靠性度量来消除或弱化质量较差信源的干扰和噪声，提升融合决策结果的精准性。近年来，折扣系数法在不可靠信源合成方法中得到广泛应用，使用系

数 α 对 $m(X)$ 进行折扣处理：

$$\begin{cases} m_\alpha(X) = \alpha m(X) \\ m_\alpha(\Theta) = 1 - \alpha + \alpha m(\Theta) \end{cases} \tag{2.6}$$

其中，Θ 表示未知命题。对于折扣系数 α 的选取，许多研究采用距离函数来进行度量。这类方法的局限性在于其默认描述同一对象的证据集时，冲突证据总是少数，绝大多数证据是可信的。然而，在多属性融合研究中，各证据必与某一命题相对应，不会出现未知领域 Θ；且各证据的可靠度参差不齐，特别是当认知观点描述的差异较大或集中出现干扰时，其中不乏大量的冲突数据，这一融合需求也与距离函数的研究假设相悖。因此，传统的折扣系数法对多属性融合模型已不再适用。为此，提出一种适合知识元多属性融合的折扣方法，来解决高冲突及不可靠的组合型证据间合成问题，过程如下。

步骤 1：建立基准数组。在融合前，需要根据领域专家建议或可靠信源的官方数据来制定基准数组 $X_B = \{b_1, \cdots, b_s\}$ $(s = |X_B|, X_B \in X)$，其中，b 为事物对象的关键属性要素，s 为基准组合的要素个数。由此，证据的可信度即可根据基准组合来进行评估。

步骤 2：计算可信度权重分组数。根据基准数组的规模 s，将不同可信度的证据划分为 r 个权重分类区间，即 r 为权重组数且满足：

$$\begin{cases} r = s + 1, 1 \le s < 3 \\ r = 4, s \ge 3 \end{cases} \tag{2.7}$$

由此，权重分类区间可表示为 $[0.01 + (j-1)/r, j/r]$ $(j \in \{1, 2, \cdots, r\})$，其中，$j$ 表示分组编号。式（2.7）中，当 $s \ge 3$ 时取 $r = 4$ 的原因将随后进行讨论。

步骤 3：判别证据的可信度。采用覆盖指数 β 来衡量证据对基准数组的覆盖度：

$$\beta = |X_i \cap X_B|/s \tag{2.8}$$

证据 X_i 将根据自身的可信度覆盖指数对应在权重分类区间的情况完成分组。特别地，满足 $0.76 \le \beta \le 1$ 的证据将被放置于完全匹配类证据 $X_m \supseteq X_B$ 的同组，即第 r 小组。

步骤 4：定义初始折扣系数。基于证据可信度分组，对每一权重小组的折扣系数 α 进行第一次分配。此时，除了完全匹配命题所在的第 r 小组外，为了保证非完全匹配组内原有证据概率分配的相对优势，初始折扣系数设定为

$$\alpha'_j = \begin{cases} 1/2 + (j-1)/[2(r-1)], & 1 \le j \le r-1 \\ 1, & j = r \end{cases} \tag{2.9}$$

步骤 5：定义二次折扣系数。考虑到除完全匹配组外，各权重组中证据的样

本数量 $N' = \left\{ N_1', \cdots, N_j', \cdots, N_{r-1}' \right\}$ 不同。因此，需要对样本数最多的组别进行组内二次概率分配以修正初始折扣系数，而 $\alpha_r = 1$ 不做调整。

$$\alpha_j = \alpha_j' N_j' \big/ \mathrm{Max}(N') \qquad (2.10)$$

步骤 6：对基本概率分配进行折扣处理。根据 α_j 分别对组内概率进行折扣处理，并保证对完全匹配类证据 X_m 的支持，则各组证据的概率分配满足：

$$m_j(X_i) = \begin{cases} m_j(X_i), & j = r \\ \alpha_j m_j(X_i), & j \neq r, X_i \cap B \neq B \\ m_r(X_i) \cdot M_j(X_i), & j \neq r, X_i \cap B = B \end{cases} \qquad (2.11)$$

其中，折扣剩余概率定义为

$$M_j(X_i) = 1 - \sum m_j(X_i), X_i \cap B \neq B \qquad (2.12)$$

需要特别说明的是，在不考虑样本系数折扣的情况下，取 $r = 4$ 时，恰好满足 $\sum_{j=1}^{r-1} \alpha_j' = \alpha_r' + \sum_{j=1}^{r-1} M_j(X_i)$，即非完全匹配类证据的权重和与完全匹配类证据的权重和相等。由此，凡满足 $s \geqslant 3$ 时，证据的权重均可归类于 4 个等距离区间。

在传统证据理论中，信任函数 $\mathrm{Bel}(X)$ 和似真函数 $\mathrm{Pl}(X)$ 分别描述不确定性事件发生的最小可能性和最大可能性：

$$\mathrm{Bel}(X_i) = \sum_{X_j \subseteq X_i} m(X_j) \qquad (2.13)$$

$$\mathrm{Pl}(X_i) = \sum_{X_i \cap X_j \neq \varnothing} m(X_j) \qquad (2.14)$$

其中，$i, j \in \left\{ 1, 2, \cdots, 2^N - 1 \right\}$，置信区间为 $\left[\mathrm{Bel}(X), \mathrm{Pl}(X) \right]$。此外，共性函数 $\mathrm{Com}(X)$ 表述了以认可 X_i 为前提的支持度，定义如下：

$$\mathrm{Com}(X_i) = \sum_{X_i \subseteq X_j} m(X_j) \qquad (2.15)$$

在多属性融合研究中，上述三个不确定性度量的计算方法并没有发生本质变化，但由于组合型证据的特殊性，函数的含义发生了改变。信任函数和共性函数均表示对某证据的完全信任程度，但衡量的视角有所不同：$\mathrm{Bel}(X)$ 表示 X 的内聚力，体现对识别框架中非组成要素的排他性；而 $\mathrm{Com}(X)$ 侧重于表示 X 的外联度，强调组成要素的整体性和不可分割性。显然，似真函数 $\mathrm{Pl}(X)$ 已不再能精确表明对 X 的部分信任程度。此外，引入一个新的部分信任函数来表示对 X_i 的不确定程度：

$$\mathrm{Unc}'(X_i) = \sum_{X_i \cap X_j \neq \{\varnothing, X_i, X_j\}} m(X_j) = \mathrm{Pl}(X_i) - \mathrm{Bel}(X_i) - \mathrm{Com}(X_i) + m(X_i) \qquad (2.16)$$

在此基础上，设置 Unc(X) 是为了优化覆盖度系数 β 的精度，且有 $\beta_j^i = |X_j \cap X_i| / |X_i|$：

$$\text{Unc}(X_i) = \sum_{X_i \cap X_j \neq \{\varnothing, X_i, X_j\}} \left[m(X_j)\beta_j^i \right] \tag{2.17}$$

图 2.2 展示了多属性融合方法中各类不确定性度量相互之间的关系。在 $[0,1]$ 内将证据置信区间划分为完全信任、部分信任和不信任三类；且在完全信任区间，Bel(X) 与 Com(X) 除了交集部分 $m(X)$ 外，剩余部分具有排斥性，两者中任何一方取值很小都会使 $m(X)$ 取值很小，而综合支持度 Sup(X) 的求解正是考虑到上述特点而重新设定了概率分配值的综合计算：

$$\text{Sup}(X_i) = \text{Bel}(X_i) \times \text{Com}(X_i) \times \left[1 + \text{Unc}(X_i) \right] \tag{2.18}$$

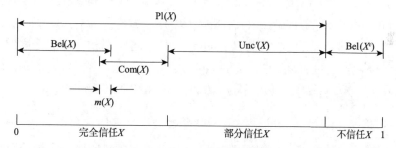

图 2.2　基于组合型证据的置信区间

例如，假设 $\theta = \{A, B, C\}$，那么 Bel$(AB) = m(A) + m(B) + m(AB)$，Com$(AB) = m(AB) + m(ABC)$，Unc$'(AB) = m(AC) + m(BC)$。可见，Bel$(AB)$ 和 Com(AB) 不可能同时为 1，除非 $m(AB) = 1$。如果 Bel$(AB) = 1$，那么 Unc$(AB) = 0$。可得 Bel(X)、Com(X) 和 Unc(X) 相互制约。综合支持度 Sup(X) 平衡了完全信任度量间的相互影响，也体现了完全信任度量与部分信任度量的综合效应。相较于传统证据理论使用置信区间的方法进行可信度推理，多属性融合方法可以实现基于综合支持度函数取值的唯一数值型置信度的推理。

传统证据理论对高冲突性证据进行合成需要满足识别框架组成要素的互斥性，基于交集运算 $X_1 \cap X_2 \cap \cdots \cap X_r = X_i, (X_i \in X)$ 迭加求解 $m_\cap(X_i)$ 及 $m(X_i)$。然而，在多属性融合方法中，由于证据中各属性要素间逻辑关系的转换，多个组合型证据间的合成并非简单的交集运算。Li 等定义了一种加权平均支持度来处理证据之间的冲突，尽管没有考虑到信源的可靠性，但融合结果的收敛性和精确度得到了显著提升（Li et al., 2001; Guo and Li, 2011）。基于 Li 的方法，采用如下方法对经过折扣处理后的 r 个证据权重组进行合成计算：

$$m_\alpha(X_i) = m_{\cap f}(X_i) + q(X_i) k m_\alpha(X_i) = m_\cap(X_i) + q(X_i) k \tag{2.19}$$

其中，$k=m_{\cap}(\varnothing)$ 为证据间的冲突概率，平均支持度 $q(X_i)=\sum\limits_{j=1}^{r}m_j(X_i)\times 1/r$，计算方法与传统的证据理论相同，只是证据间的交运算 $m_{\cap}(X_i)$ 改用交融合运算 $m_{\cap f}(X_i)$ 代替：

$$k=m_{\cap f}(X_i)=\sum\limits_{\mathrm{Sup}X_i}m_1(X_1)\times m_2(X_2)\times\cdots\times m_r(X_r)\qquad（2.20）$$

其中，$\mathrm{Sup}X_i=\mathrm{Max}\big[\mathrm{Sup}(X_1),\cdots,\mathrm{Sup}(X_r)\big]$ 且有 $X_i\in\{X_1,\cdots,X_r\}$，即合成后概率分配值将赋予 r 个合成证据中综合支持度最高的证据。

　　例如，假设识别框架 $\theta=\{A,B,C,D,E\}$，基准数组为 $X_B=\{A,B,C\}$，那么权重分组中收集证据的概率分配结果分别为 $m_1(D)=0.25$，$m_2(AD)=0.25$，$m_3(ABD)=0.25$，$m_4(ABCD)=0.25$。分别求解对应的综合支持度得到 $\mathrm{Sup}(D)=0.25$，$\mathrm{Sup}(AD)=0.375$，$\mathrm{Sup}(ABD)=0.375$，$\mathrm{Sup}(ABCD)=0.25$。根据多属性组合型证据的合成规则，取 Sup 最大值（若出现相等情况，则取可靠度权重高的证据）的证据进行概率再分配作为交融合结果，由此得到 $m_{\cap f}(ABD)=\sum\limits_{\mathrm{Sup}(ABD)}m(D)\times m(AD)\times m(ABD)\times m(ABCD)=0.0039$。

　　由前所述，多属性融合的最终目的就是找到一个多属性命题 X_f，使之满足 $m_\alpha(X_f)=\mathrm{Max}\big[m_\alpha(X_i)\big]$，即取概率分配最大值的组合型证据为决策结果。特别地，如果无法获取基准数组，则 $\mathrm{Sup}(X)$ 可直接用来求解每个命题的综合支持度，融合结果满足 $\mathrm{Sup}(X_f)=\mathrm{Max}\big[\mathrm{Sup}(X_i)\big]$ 即可。

　　综上，多属性融合方法不仅很好地权衡了组合要素的外联度和内聚力，同时也充分考虑到命题间部分支持程度的重要性。相比之下，仅针对单个要素计数统计的传统方法则割裂了要素间的某些联系。当组合证据 X 中含有互斥特性的要素时，必有 $m(X)=0$ 及 $\mathrm{Com}(X)=0$ 同时成立，则有 $\mathrm{Sup}(X)=0$，说明该方法能够保证融合结果 X_f 的要素互斥继承性，避免具有复杂语义关系的属性要素同时出现在融合决策结果中，且不需要在融合之前对复杂语义关系的要素描述进行预处理，一定程度提高了方法的智能性。

2.2.2　多属性融合的算法优化

　　上文提出的多属性融合模型是基于证据理论基本原理、面向高冲突及不可靠的组合型证据间的融合决策方法。该方法不仅满足了知识元多属性融合需求，而且针对传统理论在完备识别框架、计算量的指数增长、信源可靠性等方面的局限性提出了有效的解决途径，进一步提升了融合效率。

1. 不确定度量的结构化计算

融合决策的判别是基于权重分组后的证据合成概率分配情况求得的，而合成过程的核心问题在于求解交融合 $m_{\cap f}(X_i)$。在此过程中，先验条件为判断各组待合成证据间是否存在共识点。若 $X_1 \cap X_2 \cap \cdots \cap X_r = \varnothing$，则将概率分配全部计入冲突概率 k 中，即

$$k = \sum_{\cap X_j = \varnothing} m_1(X_1) \times m_2(X_2) \times \cdots \times m_r(X_r) \tag{2.21}$$

若 $X_1 \cap X_2 \cap \cdots \cap X_r \neq \varnothing$，则根据式（2.20）进行交融合运算。由于识别框架的幂集映射是由组合型证据组成的，不确定性度量函数的求解过程可做如下简化：

$$\mathrm{Bel}(X_i) = \sum_{X_j \in 2^{X_i}} m(X_j) \tag{2.22}$$

$$\mathrm{Com}(X_i) = \sum_{X_j \in X_i \cup 2^{X_i^c}} m(X_j) \tag{2.23}$$

$$\mathrm{Pl}(X_i) = 1 - \sum_{X_j \in 2^{X_i^c}} m(X_j) \tag{2.24}$$

其中，$X_j \neq \varnothing$。对上述三个函数的求解可归结为找寻命题 X_i 的 2^{X_i} 或 $2^{X_i^c}$。例如，假设 $\theta = \{A, B, C, D, E\}$，且 $X_i = \{ABC\}$，则 $2^{X_i} = \{\varnothing, A, B, C, AB, AC, BC, ABC\}$。显然，$\mathrm{Bel}(X)$ 值保持不变。此外，$2^{X_i^c} = \{D, E, DE\}$ 且 $X_i \cup 2^{X_i^c} = \{ABCD, ABCE, ABCDE\}$。因此，$\mathrm{Com}(X)$ 的取值也保持不变。由此可见，进行交融合的计算本质上就是一个高度结构化的寻找幂集空间的过程，在一定程度上体现了多属性融合方法算法的高效性。

2. 简化证据合成计算过程

在证据合成之前需要进行可靠性权重分组。经过两次折扣系数的调整和概率再分配过程后，待融合证据组建了如下的矩阵形式：

$$\begin{bmatrix} N_1 & G_1(X_1) & 0 & \ldots & 0 & G_1(X_r) \\ N_2 & 0 & G_2(X_2) & \ldots & 0 & G_2(X_r) \\ \ldots & \ldots & \ldots & & \ldots & \ldots \\ N_r & 0 & 0 & \ldots & 0 & G_r(X_r) \end{bmatrix}_{r \times (2^N - 1)} \tag{2.25}$$

其中，N_j 表示各权重组的证据数量，$G_j(X_j) = \begin{bmatrix} m_j(X_1) & m_j(X_2) & \cdots & m_j(X_j) \end{bmatrix}$，$j = 1, 2, \cdots, r$，$m_j(X_k)$ 为经过折扣处理的基本概率分配情况，$k = 1, 2, \cdots, j$，

$G_j(X_r)$ 代表最大匹配证据矩阵, $j=1,2,\cdots,r$。由此可见,由于存在结构化的零矩阵,这种排列特征有利于简化证据合成以及识别框架的扩展等复杂计算过程,在显著提高计算效率的同时,有效支持不完备识别框架下的组合型证据融合。

进行 $m_{\cap f}(X)$ 和冲突 k 的求解时,传统的遍历计算工作量达到 $L_0 = |X|^r = \left(2^N - 1\right)^r$;而按照式(2.25)的矩阵排列,遍历计算量将会大大缩减至 $L_{\text{new}} = n_r \times \prod_{j=1}^{r-1}\left(n_j + n_r\right)$。例如,设 $\theta = \{A,B,C,D,E\}$,基准数组 $X_B = \{ABC\}$,则有 $L_0 = \left(2^5 - 1\right)^4 = 923\,521$,$L_{\text{new}} = 7168$。当辨识框架中的某些要素间存在互斥语义关系时,如 D 和 E 之间存在这种关系,则有 $\text{Com}(\{DE\}) = 0$,则计算量会进一步缩减至 $L'_{\text{new}} = 2160$。由此可见,多属性融合计算具有良好的性能,且随着辨识框架规模的扩大,这种优势将得到进一步的显现。

3. 高效的辨识框架扩展

基于多属性融合问题的辨识框架表示对情报描述对象的属性全集。然而,辨识框架的描述具有不完备性,应支持动态扩展。假设针对某情报描述对象属性集的原始辨识框架 $\theta_0 = \{a_1,\cdots,a_N\}$,对应命题集 $X_0 = \left\{\varnothing, X_1, \cdots, X_{2^N-1}\right\}$。若出现新的证据 $X' = \{a'_1,\cdots,a'_s,a'_N\}\left(a'_1,\cdots,a'_s \in \theta_0, a'_N \notin \theta_0\right)$,其中出现了新要素 a'_N,并且满足 $a'_N \notin \theta_0$,则辨识框架变化为 $\theta' = \theta_0 \cup \{a'_N\} = \{a_1,\cdots,a_N,a'_N\}$,且命题集规模扩展为 $|X'| = 2^{N+1} - 1$。由此,基本概率分配矩阵随着相应调整,尽管每一权重组中的证据数量几乎翻倍,但 $m(X_i) = 0\left(X_i \subseteq X_0 \cup \{a'_N\}\right)$。设新加入的证据属于第 j 组,一个简单的例子就是令 $N_j + 1 \leqslant N_{\max}$。那么,如果 $j \neq r$,则权重基本概率矩阵将调整为

$$\begin{bmatrix} \cdots & \cdots & \cdots & \cdots & \cdots & \cdots \\ N_j+1 & 0 & \cdots & G'_j(X_j) & \cdots & 0 & G_j(X_r) \\ \cdots & \cdots & \cdots & \cdots & \cdots & \cdots \end{bmatrix}_{r \times \left(2^{N+1}-1\right)} \tag{2.26}$$

其中,$G'_j(X_j) = \begin{bmatrix} m'_j(X_1) & \cdots & m'_j(X_{n_j}) & m_j(X') \end{bmatrix}$,可见,除了 N_j 和 $G'_j(X_j)$ 之外,其他要素都没有改变。如果 $j = r$,那么权重基本概率矩阵将调整为

$$\begin{bmatrix} \cdots & \cdots & \cdots & G'_1(X_r) \\ \cdots & \cdots & \cdots & G'_2(X_r) \\ \cdots & \cdots & \cdots & \cdots \\ N_r+1 & 0 & \cdots & G'_r(X_r) \end{bmatrix}_{r \times \left(2^{N+1}-1\right)} \tag{2.27}$$

其中，$G_j'(X_r)(j \neq r)$ 将调整为 $G_r'(X_r) = \left[m_r'(X_1) \ \cdots \ m_r'(X_{n_r}) \ m_r(X') \right]$。同样地，除了 N_r 和 $G_j'(X_r)$ 之外，矩阵中其他要素都未改变。组合计算工作量的增加量是可控的，而非指数级增长。选取上文 "2. 简化证据合成计算过程" 最后一段的例子，假设新证据 $X' = \{ABF\}$，则传统遍历工作量将达到 $L_0' = (2^6 - 1)^4 =$ 15 752 961，该方法工作量 $L_{\text{new}}' = 7\,616$，$L_{\text{new}}' / L_{\text{new}} \approx 1.06$。综上，本算法能够确保识别框架良好的扩展性和相应增加计算量的可控性。

综上所述，多属性融合方法是对传统证据理论框架下开展组合型证据融合决策的一种全新尝试：从识别框架全域的视角进行融合计算，并充分考虑证据组成要素间的内在耦合性，通过构建新的不确定性量函数并应用于证据合成过程中，使得为特定情报描述对象建立知识元的完整属性集成为可能。该方法在以下四个方面实现了对传统证据理论的扩展：①融合结果是对事物的完整属性认知描述，意味着命题的组合型特征，且相互间存在完全支持、部分支持、完全否定等复杂关系；②考虑到证据的可靠性和聚焦性，基本概率分配函数包含两次折扣系数和两次概率分配；③重新界定了四种不确定性度量函数，并使用确数代替区间进行置信度评估；④基于综合置信度函数的交融合方法设计证据组合规则。

2.2.3　属性融合触发过程

从多个来源收集的事物对象映射元代表了事物对象的不同属性特征描述。映射元是指从单一来源信息中抽取的针对事物对象的属性要素描述全集，与属性的状态描述无关。映射元相当于对事物对象属性要素描述的半成品，但并非与对应的事物对象知识元属性集描述一致，它既可能存在交叉，也可能蕴含新的要素，因此被视为知识元多属性融合的知识储备（在证据理论中被视为证据）。由此，围绕事物对象描述形成了多批知识储备，且映射元在多属性融合决策框架下作为证据得到相应的概率分配，通过证据合成规则求解得到属性集的共识描述。随着知识储备的不断丰富，事物对象属性的辨识框架规模将得到不断扩展，经过多属性融合后的决策结果使得知识元属性集描述日趋完备成为可能。

然而，每收集到新的知识描述就执行一次知识元多属性融合是不可取的。一方面，若映射元中出现了未纳入对应知识元中的新要素，则辨识框架容量将增大，继而提高融合计算的工作量；另一方面，即便未有新属性产生，一批知识储备中映射元的数量也不可小觑，由此产生的融合计算工作量也较为繁重。因此，需要设计一个合理的知识元多属性融合触发策略，通过触发阈值的设定，有效控制知识元属性集描述框架更新的范围和频率，提升融合的效率和效果，具体过程如下。

步骤 1：在知识元库中，获取对应知识元的知识储备量，设 S_0 为已积累的待映射元数量，则现有知识储备量为 S_0+1。

步骤 2：判断知识元的知识储备量 S_0+1 是否达到触发阈值 S_m（由用户给定），若 $S_0+1 < S_m$，则不触发融合处理，否则进入步骤 3。

步骤 3：进行 S_m 个映射元与匹配知识元的多属性融合计算，更新知识元属性集描述，S_0 重置为零。

2.2.4 算例分析

在应急管理领域，知识元已被广泛应用于演化规律、风险分析及基于应急管理案例的机器学习等诸多方面。然而，由于应急管理知识的跨学科性和综合性，基于统一知识框架对来自众多数据源的复杂数据进行融合以用于深度挖掘和知识提炼显得困难重重。此外，受限于人类多样的认知视角、语言表达习惯等因素，提炼各类领域专家的应急决策知识及其融合方法的相关研究显得尤为迫切。特别是，在大数据背景下，高效的多属性融合方法以基于共识知识框架重新组织海量复杂数据的相关问题引起广泛关注。

以搭建海洋灾难监测及预警的知识元体系为背景，选取"海洋"知识元属性集描述为目标，为相关的应急决策提供知识基础。参照国家海洋局发布的《海洋调查规范》，选取"海洋"的自然因素、水文因素和地质因素作为实例研究对象，通过融合实验样本中的属性描述，在这三个方面得到相对完整且可信度高的"海洋"知识元的属性集合描述。先后从官方网站、科学文献、专业期刊、图书、在线百科全书、问答网站等不同种类的数据源中随机抽取 30 个有关"海洋"的属性描述样本。显然，这些资源的描述视角和专业性各不相同，其代表着对"海洋"属性的不同层次认知。如表 2.1~表 2.3 分别展示从样本中提取的属性描述情况，图 2.3 分别给出了"海洋"知识元各个属性提及的概率分布。值得注意的是，表中确实存在一些语义关系复杂的属性，如"geological location"是"geological distribution"的近义词，"sea wave"是"wave"的同义词等。

本算例中，分别定义了三个辨识框架，即 $\theta_n = \{A, B, \cdots, N\}$，$\theta_h = \{a, b, \cdots, p, r, s, t\}$ 和 $\theta_g = \{\alpha, \beta, \cdots, \mu\}$，其字母与属性的对应关系如表 2.1~表 2.3 所示。其中，根据海洋学领域自然、水文和地质因素相关研究的专业科学文献，将对应的基准数组分别定义为 $B_n = \{A, E, I\}$，$B_h = \{c, e, g, j, r\}$ 和 $B_g = \{\varepsilon, \varsigma\}$。

表 2.1 "海洋"知识元的自然因素属性描述分布

属性名称	标识	1	2	3	4	5	6	7	8	9	10	11	12	13	14	15	16	17	18	19	20	21	22	23	24	25	26	27	28	29	30
名称	A	-	•	•	-	-	-	•	-	-	-	-	-	-	-	•	•	•	•	•	-	-	-	-	-	-	-	-	-	-	-
地理位置	B	-	•	•	-	-	•	•	-	•	•	-	-	•	•	•	•	•	-	•	•	-	•	-	-	-	-	-	-	-	-
地理分布	C	-	-	-	-	-	-	-	-	-	-	-	-	-	-	-	-	-	-	-	-	•	-	-	-	-	-	-	-	-	-
所属大洋分类	D	-	•	•	-	-	-	-	-	•	•	-	•	-	-	•	•	-	-	•	•	-	-	-	-	-	-	-	-	-	•
位置分类	E	-	•	•	-	-	-	-	-	•	•	-	•	-	-	-	•	-	-	•	-	-	-	-	-	-	-	-	-	-	-
沿岸国家和地区	F	-	-	-	-	-	-	-	-	-	-	-	-	-	-	•	•	•	-	-	•	-	-	-	-	-	-	•	-	-	-
总面积	G	-	•	•	-	-	-	•	-	-	-	-	-	-	-	•	•	-	-	•	•	-	-	-	•	-	-	-	•	•	-
海岸	H	-	•	•	-	•	-	-	-	•	•	-	-	-	-	•	•	-	-	•	•	-	-	-	•	-	•	-	-	•	-
连接河流	I	-	-	•	-	-	-	-	-	-	-	-	-	-	-	-	-	-	-	-	-	-	-	-	-	-	-	-	-	-	-
连接海洋	J	-	-	-	-	-	-	-	-	-	-	-	-	-	-	-	-	-	-	-	-	-	-	-	-	-	-	-	-	-	-
总容量	K	-	-	-	-	-	-	-	-	-	-	-	-	-	-	-	-	-	-	-	-	-	-	-	-	-	-	-	-	-	-
边界	L	-	-	•	-	-	-	•	-	-	-	-	-	-	-	-	-	-	-	-	-	-	•	-	-	-	-	-	-	-	-
交通地位	M	-	-	-	-	-	-	-	•	-	-	-	-	-	-	-	-	-	-	•	-	-	•	-	-	-	-	-	-	-	-
水系组成	N	-	-	-	-	-	-	-	-	-	-	-	-	-	-	-	-	-	-	-	-	-	-	-	-	-	-	-	-	-	-

注: "-"表示示例中未提及该属性,而"•"表示该属性在示例中被提及。其中,样本 1 和样本 7 取自官方网站;样本 2~样本 6、样本 8、样本 15~样本 20 分别取自维基百科、百度百科和互动百科等在线百科全书;样本 9~样本 14 取自科学文献;样本 21~样本 30 来自百度知道、百度文库等问答网站或其他网站

表 2.2 "海洋"知识元的水文因素属性描述分布

属性名	标识	1	2	3	4	5	6	7	8	9	10	11	12	13	14	15	16	17	18	19	20	21	22	23	24	25	26	27	28	29	30
悬浮物	a	-	-	•	•	-	-	-	•	•	-	-	-	-	-	-	-	-	-	-	-	-	-	-	-	-	-	-	•	-	•
水质	b	-	-	•	-	-	-	-	-	-	-	-	-	-	-	•	-	-	•	-	•	-	-	-	-	-	-	-	-	•	-
深度	c	•	•	•	•	-	-	•	•	-	-	-	-	•	-	•	•	•	-	-	-	•	-	-	•	-	-	-	•	-	-
颜色	d	•	•	•	-	-	-	-	-	-	-	-	•	-	-	•	-	-	-	-	-	•	-	-	-	-	-	-	-	-	-
密度	e	-	-	•	-	-	-	-	•	-	-	-	-	•	-	•	-	-	-	-	-	-	-	-	•	-	-	-	•	-	-
水温	f	•	•	•	-	-	•	•	•	-	-	-	•	-	-	•	•	-	-	-	-	•	-	-	•	-	•	-	•	•	•
盐度	g	•	•	•	-	-	-	-	-	-	-	-	•	-	-	•	•	-	-	-	-	•	-	-	•	-	-	-	•	-	-
盐分	h	•	-	•	-	-	-	-	-	-	-	-	-	-	-	-	-	-	-	-	-	-	-	-	-	-	-	-	-	-	-
透明度	i	-	-	•	-	-	-	-	-	-	-	-	-	-	-	-	-	-	-	-	-	-	-	-	-	-	-	-	-	-	-
洋流	j	•	-	•	-	-	-	-	-	-	-	-	-	-	-	-	-	-	-	-	-	-	-	-	-	-	-	-	-	-	-
海浪	k	-	•	-	-	-	-	-	-	-	-	-	-	-	-	-	-	-	-	-	-	-	-	-	-	-	-	-	-	-	-
波浪	l	-	•	-	-	-	-	-	-	-	-	-	-	-	-	-	-	-	-	-	-	-	-	-	-	-	-	-	-	-	-
海发光	m	-	-	-	-	-	-	-	-	-	-	-	-	-	-	-	-	-	-	-	-	-	-	-	-	-	-	-	-	-	-
海冰	n	-	-	-	-	•	-	-	-	-	-	-	-	-	-	-	-	-	-	-	-	-	•	•	-	-	-	-	-	-	-
水位	o	•	-	-	-	-	-	-	-	-	-	-	-	-	-	-	-	-	-	-	-	-	-	-	-	-	-	-	-	-	-
水团	p	-	-	-	-	•	-	-	-	-	-	-	-	-	-	-	-	-	-	-	-	-	-	-	-	-	-	-	-	-	-
潮汐	r	-	-	-	-	-	-	-	-	-	-	-	-	-	-	-	-	-	-	-	-	-	-	-	-	-	-	-	-	•	-
声速	s	-	-	-	-	-	-	-	-	-	-	-	-	-	-	-	-	-	-	-	-	-	-	-	-	-	-	-	-	-	-

续表

属性名	标识	1	2	3	4	5	6	7	8	9	10	11	12	13	14	15	16	17	18	19	20	21	22	23	24	25	26	27	28	29	30
潮流	t	-	-	-	-	•	•	-	-	-	•	•	•	-	-	-	-	-	-	-	-	•	-	-	-	-	-	-	-	-	•

注："-"表示示例中未提及该属性，而"●"表示该属性在示例中被提及。其中，样本 1 和样本 7 取自官方网站；样本 2~样本 6、样本 8、样本 15~样本 20 分别取自维基百科、百度百科和互动百科等在线百科全书；样本 9~样本 14 取自科学文献；样本 21~样本 30 来自百度知道、百度文库等问答网站或其他网站

表 2.3　"海洋"知识元的地质因素属性描述分布

属性名称	标识	1	2	3	4	5	6	7	8	9	10	11	12	13	14	15	16	17	18	19	20	21	22	23	24	25	26	27	28	29	30
大陆架	α	-	•	-	-	•	•	-	-	-	•	-	-	•	-	-	-	•	-	-	•	•	-	-	-	-	-	•	•	-
所属板块	β	-	-	-	-	-	-	-	-	•	•	-	-	•	-	•	-	-	-	-	-	-	-	-	-	-	-	-	•	-
地质构造	γ	-	-	-	-	-	-	-	-	•	•	-	-	•	-	•	-	-	-	•	-	-	-	-	-	-	-	-	-	-
海底地形	δ	•	•	•	-	•	•	-	-	•	•	-	-	•	-	•	-	-	-	-	-	•	•	-	-	-	-	-	-	•
海底地貌	ε	•	•	•	-	•	•	-	-	•	•	-	-	•	-	•	-	-	-	-	-	•	-	-	-	-	-	-	-	-
沉积物	ζ	-	•	•	-	•	•	-	-	•	•	-	-	•	-	•	-	-	-	•	-	-	-	-	-	-	-	-	-	-
海洋底质	η	•	•	•	-	•	•	-	-	•	•	-	-	•	-	•	-	-	-	-	-	-	-	-	-	-	-	-	-	-
海底矿产	μ	-	-	•	-	•	•	-	-	•	•	-	-	•	-	•	-	-	-	•	-	-	-	-	-	-	-	-	•	•

注："-"表示示例中未提及该属性，而"●"表示该属性在示例中被提及。其中，样本 1 和样本 7 取自官方网站；样本 2~样本 6、样本 8、样本 15~样本 20 分别取自维基百科、百度百科和互动百科等在线百科全书；样本 9~样本 14 取自科学文献；样本 21~样本 30 来自百度知道、百度文库等问答网站或其他网站

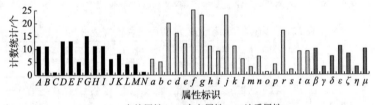

图 2.3　"海洋"知识元属性描述的计数统计

所有非零基本概率分配如表 2.4~表 2.6 所示，其中，每个表的最后一行显示组合的基本概率分配，其最大值为表中突出加粗显示的融合结果。可见，$X_{F_n} = \{A,B,D,E,G,H,I,K,L\}$，$X_{F_g} = \{\alpha,\beta,\varepsilon,\varsigma,\mu\}$，$X_{F_h} = \{b,c,d,e,f,g,h,i,j,l,r\}$ 分别是"海洋"知识元的自然因素、地质因素和水文因素领域的属性集。

表 2.4　"海洋"知识元自然因素属性的基本概率分配加权组合及其融合结果

要素组成		H	K	$BDGK$	$HJKM$	HI	CHI	$ADFJ$	$DEGKL$	$DEGIJ$	$ABDEGH$
数据点编号		1	2	3	4	5	6	7	8	9	10
权重组内概率分配	1组	0.071 4	0.071 4	0.071 4	0.071 4	/	/	/	/	/	/
	2组	/	/	/	/	0.095 7	0.095 7	0.095 7	0.095 7	/	/
	3组	/	/	/	/	/	/	/	/	0.118 6	0.118 6
	4组	/	/	/	/	/	/	/	/	/	/
融合结果		0.003 1	0.003 1	0.003 1	0.003 1	0.005 8	0.005 8	0.004 2	0.005 2	0.007 0	0.007 9

续表

要素组成		CDEGIN	ABDEFGMA	BDEGKLM	ABEGHI	ABDEGIJ	ABEFGHIM	ABDEFGHIJ	ABDEGHIKL	ABDEFGHIJK	
数据点编号		11	12	13	14	15	16	17	18	19	
权重组内概率分配	1组	/	/	/	0.102 1	0.102 1	0.102 1	0.102 1	0.204 1	0.102 1	
	2组	/	/	/	0.088 2	0.088 2	0.088 2	0.088 2	0.176 3	0.088 2	
	3组	0.118 6	0.118 6	0.118 6	0.058 2	0.058 2	0.058 2	0.058 2	0.116 3	0.058 2	
	4组	/	/	/	0.142 9	0.142 9	0.142 9	0.142 9	0.285 7	0.142 9	
融合结果		0.005 2	0.005 2	0.009 0	0.103 9	0.090 5	0.080 2	0.109 6	**0.453 0**	0.094 8	

表 2.5　"海洋"知识元地理因素属性的基本概率分配加权组合及其融合结果

要素组成		α	β	δ	η	μ	$\beta\delta$	ε	$\alpha\varepsilon$	$\varepsilon\mu$
数据点编号		1	2	3	4	5	6	7	8	9
权重组内概率分配	1组	0.15	0.15	0.05	0.05	0.05	0.05	/	/	/
	2组	/	/	/	/	/	/	0.075	0.075	0.075
	3组	/	/	/	/	/	/	/	/	/
融合结果		0.044 6	0.055 1	0.005 5	0.005 5	0.005 5	0.005 5	0.008 2	0.008 2	0.008 2
要素组成		$\alpha\beta\varepsilon\mu$	$\gamma\delta\zeta\mu$	$\varepsilon\zeta\mu$	$\delta\varepsilon\zeta\eta$	$\alpha\beta\varepsilon\zeta\mu$	$\alpha\beta\gamma\varepsilon\zeta\mu$	$\alpha\beta\delta\varepsilon\zeta\mu$	$\beta\gamma\delta\varepsilon\zeta\mu$	$\alpha\beta\delta\varepsilon\zeta\eta\mu$
数据点编号		10	11	12	13	14	15	16	17	18
权重组内概率分配	1组	/	/	0.071 4	0.071 4	0.071 4	0.071 4	0.071 4	0.071 4	0.071 4
	2组	0.075	0.075	0.089 3	0.089 3	0.089 3	0.089 3	0.089 3	0.089 3	0.089 3
	3组	/	/	0.142 9	0.142 9	0.142 9	0.142 9	0.142 9	0.142 9	0.142 9
融合结果		0.008 2	0.008 2	0.110 1	0.112 1	**0.129 1**	0.117 6	0.125 7	0.12	0.123 2

表 2.6　"海洋"知识元水文因素属性的基本概率分配加权组合及其融合结果

要素组成		j	cd	ck	$fjkn$	$cdfgj$	$fgjlr$	$cdefgn$	$bcdefgi$	$cdefhjk$	$acfglprt$
数据点编号		1	2	3	4	5	6	7	8	9	10
权重组内概率分配	1组	0.033 3	0.033 3	0.033 3	0.033 3	/	/	/	/	/	/
	2组	/	/	/	/	/	/	/	/	/	/
	3组	/	/	/	/	0.055 3	0.055 3	0.055 3	0.055 3	0.055 3	0.055 3
	4组	/	/	/	/	/	/	/	/	/	/
融合结果		0.000 1	0.000 1	0.000 1	0.000 1	0.000 2	0.000 2	0.000 2	0.000 2	0.000 2	0.000 2
要素组成		$bdfghjkrt$	$acdfghijln$	$cdfghjkmno$	$cfgir$	$efgijmnr$	$cdfghjrt$	$bcfgjkrt$	$efgjkprt$	$efgjkrst$	$cdefghijl$
数据点编号		11	12	13	14	15	16	17	18	19	20
权重组内概率分配	1组	/	/	/	/	/	/	/	/	/	/
	2组	/	/	/	/	/	/	/	/	/	/
	3组	0.055 3	0.055 3	0.055 3	/	/	/	/	/	/	/
	4组	/	/	/	0.066 6	0.066 6	0.066 6	0.066 6	0.066 6	0.066 6	0.066 6
融合结果		0.000 2	0.000 2	0.000 2	0.000 2	0.000 2	0.000 2	0.000 2	0.000 2	0.000 2	0.000 2

续表

要素组成		$acdfghijr$	$cdfghijnr$	$cdfghjkrt$	$adefgijkmni$	$cefgjprst$	$acefgjkprt$	$Bcdefghijlr$	$abcdefghijlr$		
数据点编号		21	22	23	24	25	26	27	28		
权重组内概率分配	1组	/	/	/	/	0.216 6	0.216 9	0.216 6	0.216 6		
	2组	/	/	/	/	0.249 9	0.250 3	0.249 9	0.249 9		
	3组	/	/	/	/	0.125 5	0.125 7	0.125 5	0.125 5		
	4组	0.066 6	0.066 6	0.066 6	0.066 6	0.066 6	0.066 7	0.066 6	0.066 6		
融合结果		0.000 2	0.000 2	0.000 2	0.000 2	0.232 8	0.236 5	**0.264 3**	0.262 1		

2.3　知识元的属性关系融合

知识元间从领域特征和内在机理上可形成网络，从相对微观视角刻画事物对象的内在特性，为人们认知复杂事物对象提供知识供给。

2.3.1　属性关系网络生成

作为知识发现和推理的基本元素，知识元从客观事物的不同侧面认知事物的本质规律，将复杂知识抽象化、形式化，便于描述客观事物的共性特征。知识元模型将事物属性扩展为输入属性 A^I、状态属性 A^S 及输出属性 A^O。其中，输入属性是外部节点的输出属性，状态属性是事物自身具备的属性，输出属性描述对环境或其他事物的影响要素。知识元间在领域特征和内在机理上可形成网络，以纳入的外界节点属性作为输入，以筛选的本事物状态属性作为输出，借助关系知识元实现知识元间关联关系的结构化描述。

知识元网络描述的知识元属性间的关系可分为同一知识元内部属性间关系和不同知识元属性间关系。前者描述了事物自身属性状态的变化关系，后者描述了不同对象属性的相互作用。知识元网络通过知识元属性要素间关联关系的描述，实现了对事物对象的内在或外在关联关系的具体刻画。特别地，知识元网络节点间属性关系隐性描述的基本思想是将某一节点的外部输入属性（其他节点的输出属性）作为本节点的自有属性，将不同节点间的属性关系隐含为节点自有属性间的映射关系。一方面，节点间属性关系的隐性描述减少了关联关系描述的工作量，增强了知识元网络的可扩展性；另一方面，在前述基础概念集的支持下，通过不同节点属性的交集（如属性概念名称相等），即可自动生成知识元间的关联关系，在一定程度上实现了知识元网络的自动生成（陈雪龙等，2011；陈雪龙和肖文辉，2013）。

　　设某事物对象知识元属性表示为 $A_0 = \left\{ A_0^I, A_0^S, A_0^O \right\}$，则知识元网络生成本质上就是根据关联事物对象知识元的输出属性集（如 $A_1^O = \left\{ a_1^1, \cdots, a_1^p \right\}$，$A_2^O = \left\{ a_2^1, \cdots, a_2^q \right\}$）中属性与 A_0^S 中属性的直接关联关系的描述，最终确定 A_0^I，即 A_1^O 和 A_2^O 中的哪些属性直接影响了 A_0^S 中的哪些属性状态，其归根结底仍然属于 A_1^O 和 A_2^O 组合证据的多属性融合问题。

　　例如，设 $A_1^S = \left\{ a_1^1, a_1^2 \right\}$，$A_2^S = \left\{ a_2^1, a_2^2 \right\}$，$A_3^S = \left\{ a_3^1, a_3^2, a_3^3 \right\}$，$A_4^S = \left\{ a_4^1, a_4^2 \right\}$，分别为 4 个事物对象的状态属性集合，且有 $r_1 : \begin{bmatrix} \left\{ a_2^1, a_3^1 \right\} \\ \left\{ a_4^1, a_4^2 \right\} \end{bmatrix} \rightarrow \begin{bmatrix} a_1^1 \\ a_1^2 \end{bmatrix}$，$r_2 : a_3^2 \rightarrow a_2^2$，$r_3 : \left\{ a_3^1, a_3^2 \right\} \rightarrow a_3^3$，$r_4 : a_4^1 \rightarrow a_4^2$。其中，$r_1$ 和 r_2 描述不同知识元间的属性关系，r_3 和 r_4 描述同一知识元自身属性间的关联关系，则其知识元网络形态如图 2.4 所示。知识元属性关系网络的生成揭示了不同对象属性间的联系机理，为深层次的隐含关联知识融合提供了基于本原视角的知识元关系网络支持。

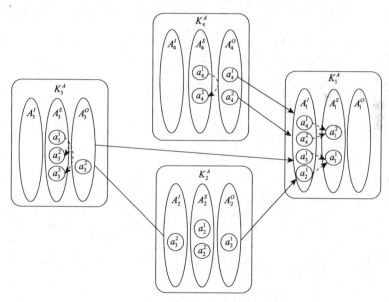

图 2.4　基于属性关系的知识元网络形态

2.3.2　属性关系集融合

　　知识元关系集就是对知识元属性关系网络构成的结构化知识呈现。由基础知识元模型可知，知识元的关系集需要界定 $r: A_r^I \rightarrow A_r^O (r \in \mathbf{R})$，同样可归结为 A_r^I 与 A_r^O 间的多属性融合问题。但是，在一个关系集中，A_r^I 和 A_r^O 需要成对出现才能够明确关系函数 f_r。因此，在进行知识元的关系集融合时不能分别进行 A_r^I 和 A_r^O 的多属性融合。又由于在知识元属性集中存在隐含特性 $A^O \subseteq A^S$，而 A^I 会影响 A^S，因此 A^I 也对 A^O 有影响。那么，需要针对合并后的 $A^O = A_1^O \cup A_2^O$ 中每一属性要素，筛选所有与之有关的输入属性集作为证据，进行多属性融合并最终合成具有共识认知描述的 A^I。关系集融合处理也需要满足第 2.2.3 节的触发条件。以两个知识元间的关系集融合为例，设知识元的输入、输出属性集分别为 $A_1^I \{a_1, a_2\}$，$A_1^O = \{a_6, a_9\}$ 和 $A_2^I \{a_1, a_4\}$，$A_2^O = \{a_6, a_7\}$，则关系集融合过程如下。

步骤 1：求解 $A^S = \{a_5, a_6, a_7, a_8\}$，且有 $A^O = A_1^O \cup A_2^O = \{a_6, a_7, a_9\}$。

步骤 2：得到以 a_6 为输出的证据为 $X_1 = \{a_1, a_2\}$ 和 $X_2 = \{a_1, a_4\}$，以 a_7 为输出的证据为 $X_3 = \{a_1, a_4\}$，以 a_9 为输出的证据为 $X_4 = \{a_1, a_2\}$。a_7 和 a_9 只有单一证据不需要融合，对 a_6 进行如步骤 3 的处理。

步骤 3：对应 a_6 这一输出属性要素，基于证据 X_1 和 X_2 构建识别框架开展多属性融合，求解 X_f 以确定唯一对应于 a_6 的输入属性集。假设基准数组 $B = \{a_1, a_2\}$，则 $X_f = \{a_1, a_2\}$。

步骤 4：合并所有输入属性集，则 $A^I = X_f \cup X_3 \cup X_4 = \{a_1, a_2, a_4\}$。

步骤 5：属性集更新，即 $A = \{A^I, A^S, A^O\} = \{\{a_1, a_2, a_4\}, \{a_5, a_6, a_7, a_8\}, \{a_6, a_7, a_9\}\}$。

步骤 6：关系集更新，即 $R = \{r_1, r_2, r_3\}$，其中，$r_1: \{a_1, a_2\} \rightarrow a_6$，$r_2: \{a_1, a_4\} \rightarrow a_7$，$r_3: \{a_1, a_2\} \rightarrow a_9$。

知识元属性关系网络的生成可划分为同知识元的属性关系融合与网络生成，如图 2.4 中的 A_3^S 中存在非关系 $r_3: \{a_3^1, a_3^2\} \rightarrow a_3^3$，以及不同知识元的属性间复杂关系融合与网络生成，如图 2.4 中的 A_2^S，A_3^S，A_4^S 与 A_1^S 间存在关系 $r_1: \begin{bmatrix} \{a_2^1, a_3^1\} \\ \{a_4^1, a_4^2\} \end{bmatrix} \rightarrow \begin{bmatrix} a_1^1 \\ a_1^2 \end{bmatrix}$。

2.3.3 算例分析

在企业战略决策分析中，基于企业资源和能力的战略情报分析与展现能够为决策者提供更为直观、深入的竞争态势评估依据。设企业能力知识元

$A_F^C = \{p_C, A_F^r, A_F^o\}$，$A_F^r$ 为关键资源属性集合，A_F^o 为关键业务属性集合，p_C 为该项企业能力的定性或定量描述，其取决于 A_F^r 和 A_F^o 的各项指标状态的综合评估结果，满足 $p_C = F_C(A_F^r, A_F^o)$。由此可见，企业能力知识元的属性集描述是分别基于资源知识元和业务知识元的相关属性的聚类与重组而成的。如果 F_C 为定量描述函数，则当 A_F^r 和 A_F^o 各属性要素的取值均可获取时，就可以得到 p_C 的取值，由此实现了基于关键资源特征的企业能力评估。

由于不同情报素材在描述企业资源与能力属性及其关联关系上存在较大差异，本实例对研发能力知识元的"关键资源特征"进行多属性融合计算，实现企业资源与研发能力间的共性关联知识描述，为 SWOT（strength，优势；weakness，劣势；opportunities，机遇；threat，威胁）态势评估提供知识基础。

1. 数据源的选取与数据预处理

本实例以企业研发能力知识元的"关键资源特征"属性集融合为目标，从 CNKI 数据库中收集了 10 篇相关情报素材进行企业研发能力评价指标的企业资源知识元属性描述，并细分为人力资源、实体资源、财务资源和技术资源四类分别进行融合处理，记为 K_r^a，K_r^b，K_r^c，K_r^d，各样本中涉及的资源要素及对应的英文字母标识如表 2.7 所示。

表 2.7　研发能力与各类资源属性描述样本

资源	相关属性	标识	1	2	3	4	5	6	7	8	9	10	资源	相关属性	标识	1	2	3	4	5	6	7	8	9	10
人力资源	**科研人员**	A	•	•	•			•	•		•	•	技术资源	行业认证	G									•	
	科技人员	B					•							行业奖励	H									•	
	核心科技人员	C					•		•		•			技术消化吸收	I								•		•
	研发机构	D						•			•			商品化	J			•							
	外部专家	E											实体资源	研发场地	A		•								
技术资源	**专利与著作权**	A	•	•	•			•	•	•	•			**研发设备**	B								•		
	基础开发技术	B		•										**上市产品**	C	•	•					•	•		•
	研发项目	C		•		•						•		自主研发产品	D							•		•	
	核心技术	D					•	•						自主品牌产品	E					•					
	产品技术水平	E			•								财务资源	技术研发投入计划	A		•								
	技术改造	F			•				•					**科研经费**	B		•	•	•	•	•	•	•	•	•

续表

资源	相关属性	标识	1	2	3	4	5	6	7	8	9	10	资源	相关属性	标识	1	2	3	4	5	6	7	8	9	10
财务资源	技术绩效奖励	C	•										财务资源	技术改造经费	H								•	•	
	员工培训费	D			•					•	•			技术消化吸收经费	I						•				
	研发人员薪酬	E			•									新产品开发费	J						•	•			
	科技活动经费	F					•		•	•				技术研发实际投入	K	•									
	技术引进经费	G					•		•																

注：表中加黑字体部分为融合计算中组成基准数组的属性

2. 企业资源与能力知识元属性关系融合的基本过程

假设对研发能力的资源属性全集描述存在两个独立且存在观点差异的知识元，其属性分别为 $A_r^1=\{a_1,a_2,b_1,c_1,c_2\}$ 和 $A_r^2=\{a_1,a_2,b_1,b_2,c_1,d_1\}$，而现有属性描述为 $A_r^0=\{a_1,b_1,c_1\}$，其中，a，b，c，d 分别表示不同类型资源 K_r^a，K_r^b，K_r^c，K_r^d 的细分属性。若满足触发条件，则将 A_r^0、A_r^1 和 A_r^2 作为三个独立的组合型证据，选取 A_r^0 的全部要素为基准数组构成要素进行多属性融合，得到结果 $m(A_r^1)=0.370\,3$，$m(A_r^2)=0.296\,3$，而 $m(A_r^0)=0.333\,3$，选取结果中的最大值可得到新的属性集合 $A_r^1=\{a_1,a_2,b_1,c_1,c_2\}$。进一步通过资源知识元的 $A_a^O=\{a_1,a_2\}$，$A_b^O=\{b_1\}$，$A_c^O=\{c_1,c_2\}$ 与科研能力知识元的 A_r^1 建立属性关系网络。

3. 结果分析

根据表 2.7 的四类资源属性描述，分别形成四个识别框架空间：$\theta_1=\{A,B,C,D,E\}$，$\theta_2=\{A,B,C,D,E,F,G,H,I,J\}$，$\theta_3=\{A,B,C,D,E\}$，$\theta_4=\{A,B,C,D,E,F,G,H,I,J,K\}$；对应选取基准数组在表中加粗显示。分别进行多属性融合分析，得到如表 2.8 所示的计算结果，其中，粗体标记了最优属性空间，即基于选定情报素材而构建的关于企业研发能力与企业资源属性关系的知识描述。

表 2.8　企业资源与研发能力的多属性融合结果

人力资源	基准数据	AC		冲突概率 k	0.1		
	命题	A	F	AC	ABC	**ACD**	ACDE
	m	0.322 8	0.003 3	0.083 6	0.055 9	**0.478 4**	0.055 9
实体资源	基准数据	BC		冲突概率 k	0.083 5		
	命题	C	E	CD	ABC	**BCD**	
	m	0.303 8	0.002 3	0.003 5	0.316 6	**0.373 9**	

续表

财务 资源	基准数据	BF		冲突概率 k	0.083 4		
	命题	B	BD	BDE	**BFH**	ACK	BFGHJ	BFGIJ
	m	0.163 2	0.006 9	0.003 5	**0.334 1**	0.002 3	0.257 7	0.232 3

技术 资源	基准数据	AC		冲突概率 k	0.083 3					
	命题	A	C	D	**AC**	ABC	ADE	AGH	ACI	AFI	AEFJ
	m	0.003 5	0.003 5	0.002 3	**0.376 6**	0.300 2	0.003 5	0.003 5	0.300 2	0.003 5	0.003 5

　　由融合结果可得，企业研发能力与关键资源特征的关系可以用能力知识元中输入属性及相关资源的输出属性加以描述，构成如图 2.5 所示的知识元属性关系网络。在此基础上，可以对每一资源特征属性的细分指标进行情报收集，从而从企业资源的视角描述企业科研能力的水平。由于决策者认知及情报素材知识的局限性，企业资源与能力间关联关系的描述并不完备，但相关知识元的属性关系网络支持更新和扩展。

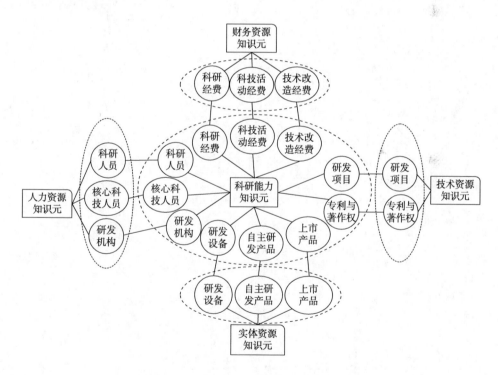

图 2.5　企业科研能力与相关资源属性关系网络

参 考 文 献

陈雪龙，董恩超，王延章，等. 2011. 非常规突发事件应急管理的知识元模型[J]. 情报杂志，
　　30（12）：22-26.

陈雪龙，肖文辉. 2013. 面向非常规突发事件演化分析的知识元网络模型及其应用[J]. 大连理工
　　大学学报，53（4）：615-624.

王延章. 2011. 模型管理的知识及其表示方法[J]. 系统工程学报，26（6）：850-856.

Guo K，Li W. 2011. Combination rule of D-S evidence theory based on the strategy of cross merging
　　between evidences[J]. Expert Systems with Applications，38（10）：13360-13366.

Li B，Wang B，Wei J，et al. 2001. Efficient combination rule of evidence theory[J]. Proceedings of
　　SPIE，4554（1）：237-240.

第3章 基于知识元的多源情报片段融合

情报片段呈现了情报未经加工的最初表现形式，虽然其中涉及的情报内容未必完整，但如能对这些情报碎片加以有效整合和利用，通过对情报片段的相关特征要素及情报元深度融合，可以拼凑出相对完整的，甚至是全域的"情报拼图"，实现对某一情报主题或企业主体的更全面、更综合，甚至更深刻的信息呈现和知识描述。

3.1 竞争情报知识元模型

运用知识元模型从更微观、通用的视角来描述对竞争情报内容所包含事物的认知，全面刻画竞争环境个体要素的构成方式及联系机制。情报知识元从本原视角对情报描述对象所有属性及其关系的共性特征进行刻画。情报元则进一步通过对事物的属性状态的描述，构建更高层次的概念和复杂的语义关系，为逻辑推理和高价值的情报隐含关联关系融合提供情报数据支持。

竞争情报知识元基于三元组建立情报分析所需的细粒度知识组织体系，以结构化描述市场环境、企业、竞争事件、SWOT 竞争态势及战略决策的情报知识。企业竞争情报知识元的分类框架如图 3.1 所示，可以从三个层面进行细分。其中，宏观层面的环境知识元又可细分为政治法律、竞争、社会文化、技术和经济环境知识元；中观层面的知识元描述市场参与者及行业准则环境知识元，包括竞争对手、供应商、合作伙伴、企业客户，聚焦于企业综合竞争力的评价和商业关系的描述等；微观层面的竞争情报来自企业内部的财务、人事、物资、销售等各个业务环节所产生的企业资源和能力信息。

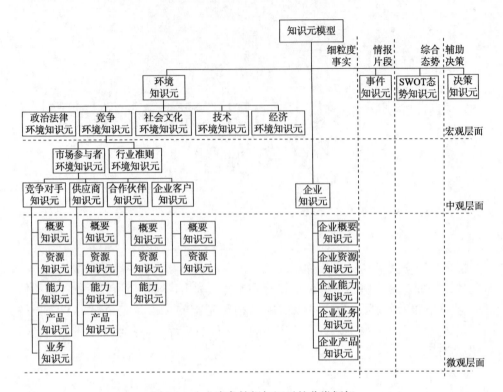

图 3.1　企业竞争情报知识元的分类框架

3.1.1　环境知识元

企业要想在激烈动荡的市场环境中谋求长远发展,就必须及时、全面收集相关环境的竞争情报。忽略战略环境将导致竞争情报研究的失误(Phythian,2009)。应综合考虑情报获取效率和效果,环境竞争情报源可选择官方网站或第三方情报服务机构,特别是通过专业认可的行业竞争情报机构网站实时采集最新动态、行业监测、行业观察与评论等动态情报。

环境知识元一般包括政治法律、竞争、社会文化等宏观环境知识元,以及行业准则、市场参与者等竞争环境知识元。市场参与者知识元又可细分为竞争对手、供应商、合作伙伴和企业客户。以宏观环境的行业政策知识元为例,其属性集 $A_E^P=\{$主题,发布时间,发布者,区域,有效期,关键词,涉及产品,涉及企业,政策全文,出处$\}$。

3.1.2　企业知识元

竞争对手、供应商、合作伙伴及企业客户都是以企业形态存在于竞争价值链中。在竞争情报知识元体系中，上述企业形态均符合企业知识元的基本框架。考虑到竞争情报获取的途径、信息粒度、商业价值及机密保护等因素，不同市场参与者的情报收集侧重点有所差异。

1. 企业概要知识元

企业概要知识元用以描述企业自然信息。综合深圳证券交易所（以下简称深交所）披露的上市公司基本信息及百度百科企业词条，该知识元属性集设定为 $A_F^S=\{$公司名称，英文名称，法人代表，办公地址，公司网址，电子信箱，成立时间，注册资本，所属行业，公司规模，产品服务，公司简介$\}$。

2. 企业资源知识元

企业资源观认为企业内部资源和能力是竞争优势的基础（Wernerfelt，1984）。基于 SWOT 工具进行竞争优势及劣势分析，本质上就是基于本企业能力及现有资源的状态与竞争对手进行比较和评估。进行细粒度的企业资源知识元描述，有利于从微观层面进行企业竞争态势的分析。关于企业资源的分类研究尚未达成共识，如 Hitt 等（1995）的七类企业资源及 Carmuli（2003）的 22 种企业资源等。基于竞争情报的知识表示需求，本书将企业资源情报划分为人力资源情报、实体资源情报、财务资源情报、技术资源情报和其他资源情报（孙琳和王延章，2017）。

3. 企业能力知识元

企业能力是指配置资源，发挥其生产和竞争作用的能力。SWOT 竞争态势分析常呈现各种视角、层次和粒度的企业能力比较和评价。企业能力知识元可以从企业职能、综合性、重要性等不同视角进行设计。本章设定其属性集 $A_F^C=\{$能力描述，关键资源特征，关键业务特征$\}$。其中，"能力描述"是对该项企业能力的综合评价；"关键资源特征"和"关键业务特征"分别选自企业资源知识元和企业业务知识元的属性特征。

4. 企业业务知识元

企业业务知识元用于描述企业价值链上的关键业务环节，主要包括生产、销售、服务等基础性业务，以及采购、研发、人力资源管理和财务管理等支持性业务状况，其属性集 A_P^O = {业务描述，参与主体，关键指标}。相对于企业概要知识元，企业业务知识元描述的是企业运营的动态特征，有助于为基于价值链分析的企业能力评估提供共性知识基础。

5. 企业产品知识元

在竞争情报知识元体系设计中，考虑到产品在市场竞争的全域全过程中占据核心地位，也是构建情报知识元网络的中心节点，因此特别针对企业产品知识元进行细粒度的结构化描述。企业产品知识元描述竞争产品的共性知识结构，其属性集描述可以从不同视角展开。例如，从情报收集渠道的视角，公开的产品情报属性特征包括产品名称、产品描述、所属类别、上市时间、功能参数、价格、目标客户、市场定位、产品特性、销售渠道、促销、服务等；非公开的产品情报属性特征包括生产资料、加工工艺、原材料、核心技术、现有商业关系、营销策略、销售量、销售总额、成本、利润、市场占有率等。

3.1.3　事件知识元

竞争事件是指市场参与者相互角逐中发生的具有影响力的经营行为和市场活动。本书将"具有影响力"界定为敏感竞争事件，其敏感主题由决策者设立。其中，领域主题包含市场、营销、技术、战略、产品、专利等；动作主题包含宣传、推广、巡展、发布、合作、上市、融资、突破、创新、申请等。事件知识元是描述敏感竞争事件的共性知识表示，属性集 A_S = {事件主题，事件类型，时间，地点，主体，关键特征[输入，输出]，详细描述}。其中，"事件主题"为竞争事件的总体描述，"事件类型"由"领域+动作"类主题表示，"主体"即市场参与者，"输入"多指环境属性要素，而"输出"一般为能够反映出事件的影响力的企业属性要素。

3.1.4　SWOT 态势知识元

SWOT 态势情报描绘了企业竞争优势、劣势及外部环境中的机会和威胁等关键特征状况，其获取需要经历从情报源中辨识关键信息、凝练知识，并萃取为SWOT 特征要素情报元的过程，最终为企业战略分析及决策所用。SWOT 态势知识元（以下简称"SWOT 知识元"）构建战略决策所需的细粒度的情报知识单元，以结构化地描述内外部环境关键要素的本质特征和内在机理。其属性集可描述为 A={时间，类型，关键要素}，其中，"时间"体现竞争态势的时效特征，

"类型"包括优势（S）、劣势（W）、机会（O）和威胁（T），"关键要素"由企业资源知识元、企业能力知识元和企业业务知识元中的部分属性构成。

3.1.5　决策知识元

竞争情报更深层次的商业价值在于如何为决策者提供战略决策知识并据此付诸实施，将情报知识转化为企业的竞争力。决策知识元犹如记录企业决策过程及其效果的案例知识片段，其属性集 A_s = {决策主题，决策描述，参与主体，时间，决策依据[环境特征，资源特征，业务指标]，[决策目标，决策结果]}。其中，"决策依据"凝练了企业战略分析知识，"参与主体"和"决策目标"描述了战略制定知识；"决策目标"与"决策结果"具有相同的知识结构，两者匹配度反映了战略执行后的评估。由此，体现了决策知识元能够在一定程度上结构化描述企业战略决策全过程的共性知识。

3.2　基于先验知识的情报元获取

3.2.1　情报先验知识的生成

先验知识的生成是为了满足企业对战略决策的竞争情报需求，基于企业初始 SWOT 竞争态势的特征要素分析与获取而实现的。具体地说，先验知识的选取就是根据企业所处市场环境的优势、劣势、机会和威胁等的特征要素，进一步提取战略影响要素，由此生成的战略情报主题要素即先验知识。可见，先验知识的筛选与生成过程最终转化为企业战略影响要素在情报知识元体系中的映射过程，如图 3.2 所示。

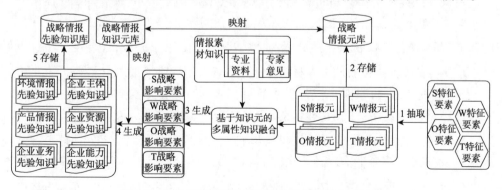

图 3.2　基于多属性融合的情报先验知识的生成过程

从 SWOT 特征要素所描述的企业资源、企业能力、竞争环境等情报元出发，基于情报知识元属性关系网络，寻找具有直接关联关系的内部或外部属性特征要素（即战略影响要素）。在此过程中，首先基于知识元的多属性融合方法实现企业战略影响要素的识别，再通过分析战略影响要素与情报知识元库中的映射关系分别生成企业环境、企业资源、企业能力和企业业务先验知识；基于市场参与者情报知识元生成企业主体先验知识，基于产品情报元生成产品情报先验知识，即完成现有竞争态势下对情报先验知识的设定。当然，由于企业 SWOT 态势的不断发展，SWOT 特征要素的变动势必会带来先验知识的调整，在一定程度上体现了先验知识筛选的应变性和智慧性。

一般情况下，情报片段多以某一企业主体为描述对象（如来自竞争对手企业门户的相关情报），则基于先验知识并经过语义分析处理后所抽取的情报元能够实现与先验知识结构的一一对应，并通过融合处理存储到战略情报元库中；但若想提供反映企业综合竞争态势的情报，仍需要再次映射到战略影响要素的特征要素集中进行 SWOT 态势情报元的重构。如果情报片段涉及多个企业主体，还需要甄别各主体的竞争角色关系以进一步确认情报收集粒度。有关企业竞争角色关系情报融合分析方法将在 4.2 节中进行探讨。

在竞争情报知识元体系尚不够完备的情况下，先验知识的设定，特别是战略影响因素的选取还需要参考情报素材知识来加以补充和调整，这一过程仍然是建立在知识元多属性融合方法基础之上的。基于多属性融合方法进行战略影响要素选取的基本思想是，基于初始 SWOT 情报元的属性描述粒度，寻找相应知识元 A^I 中的全部属性要素，即视为战略影响要素。以"优势 S"特征要素分析为例，实现过程如下。

步骤 1：对优势特征要素进行 S 情报元提取，其特征要素集合描述为 $E_S^1 = \{E_1, E_2, \cdots, E_n\}$，其中每个特征代表了不同的企业资源、能力或业务情报元。

步骤 2：明确各情报元的属性集。以情报元 E_1 为例，设在现有知识元体系中其属性状态集为 $A_1^S = \{a_1, a_2, a_3\}$，而 A_1^I 为关于 a_1 的影响因素描述，即 $a_1^I = \{b_1, b_2\}$，则基于 E_1 的战略影响要素特征集合可表示为 $S_1 = \{a_1 : (b_1, b_2); a_2 :; a_3 :\}$。

步骤 3：收集相关的情报素材。显然，在现有的战略情报知识元体系下，A_1^I 的界定是不完备的。假设新增两个可供参考的相关素材，分别表示为 $S_2 = \{a_1 : (b_1, b_2); a_2 : (c_1); a_3 : (d_1)\}$ 和 $S_3 = \{a_1 : (b_1); a_2 : (c_1, c_2); a_3 : (d_1, d_2)\}$。

步骤 4：设定知识元体系中已有的影响要素集合为基准数组，分别针对各输入属性要素进行多属性融合分析，则 a_1 证据有 $\{b_1, b_2\}, \{b_1, b_2\}, \{b_1\}$；$a_2$ 证据有 $\{c_1\}, \{c_1, c_2\}$；a_3 证据有 $\{d_1\}, \{d_1, d_2\}$。融合结果 $S_f = \{a_1 : (b_1, b_2); a_2 : (c_1); a_3 : (d_1)\}$，即战略影响要素全集。

由此，再按照图 3.2 的过程进行融合结果的情报知识元映射，从而确定各类先验知识。在竞争情报知识元体系构建初期，先验知识的筛选以人工活动为主；随着情报知识元属性关系的深入融合，具有潜在价值的战略竞争情报会不断被挖掘和积累，促进了先验知识的不断丰富，由此形成了自主学习与人工参与的半自动化情报获取过程，在一定程度上提高了战略情报获取与融合的智能性。

3.2.2　竞争情报元获取

面对复杂系统决策问题，如企业战略决策的制定需要综合考虑竞争对手、供应商、合作企业、市场环境及企业内部组织等多方面的因素（张玉峰等，2009）。由此，竞争情报的获取既要考虑针对多源数据特点实现综合利用，又要以尽可能少的资源投入获得丰富且可靠的情报及知识。然而，现有相关研究存在竞争情报获取技术与情报分析的业务需求之间脱节的问题，从而导致情报利用的初级化和低效能。基于先验知识实现竞争情报元的获取，能够实现从数据源中抽取战略影响要素相关主题的竞争情报，并进行信息重构以完成基于竞争情报知识元结构化描述的加工过程。这不仅有利于从海量数据中高效筛选和获取关键情报，提升情报采集的效能及情报识别的智能性；还有助于解决竞争情报收集与分析断裂问题，提高竞争情报的应用服务效能。

以企业战略决策为例，企业竞争情报元的获取框架如图 3.3 所示。整个过程源于企业对 SWOT 初始态势情报元的抽取，生成情报先验知识；据此对多源异构数据进行筛选，并将目标情报以情报元的形式抽取出来；重构的 SWOT 情报元实现战略分析相关情报的结构化表示；不断积累的决策案例知识还可以融合生成决策经验知识，以辅助战略决策的制定。如此往复循环，使得竞争情报的获取能够与企业战略决策业务的信息需求紧密结合，并促使其朝着更综合、更科学也更具应变力的方向发展。

1. 初始 SWOT 情报元抽取

以 SWOT 特征要素为导向的竞争情报元获取策略，使情报的识别有的放矢且紧扣核心，为高效低投入的情报分析奠定基础。如图 3.4 展示了企业初始 SWOT 态势情报的生成框架，从竞争情报的收集来源视角来看，初始 SWOT 情报元的生成就是针对决策情境竞争情报和企业内部竞争情报的全面展现和综合评估。

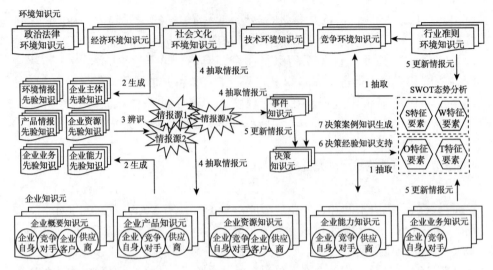

图 3.3　企业竞争情报元的获取框架

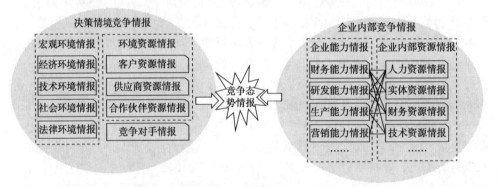

图 3.4　企业初始 SWOT 态势情报的生成框架

1）决策情境竞争情报

决策情境竞争情报是描述企业所处竞争环境的情报，主要包括宏观环境情报、环境资源情报及竞争对手情报。根据竞争情报知识元体系的基本分类，环境资源情报和竞争对手情报都可以用企业知识元进行描述。

2）企业内部竞争情报

企业内部竞争情报被整合为企业内部资源（余吉安，2009）和企业能力两类。其中，企业能力情报的分析是发挥竞争情报辅助战略决策的重要环节，其知识元的描述归根结底是基于企业资源和业务知识元关键属性要素的融合。一方面，依赖于管理者及专家的知识经验进行人工筛选；另一方面，也可以通过智能化的融合方法来生成。

3）竞争对手情报

在有效识别出竞争对手的前提下，明确竞争对手的战略目标，评估其竞争能力，从而制定出本企业的竞争战略是竞争对手竞争情报分析的核心任务。包昌火等（2003）将竞争对手跟踪分析的步骤细化为确定竞争对手、分析现有战略、评估竞争实力、识别意欲获得的能力、考察竞争力和预测未来行动。

2. 竞争情报元的抽取

竞争情报元的抽取过程，实际上就是基于先验知识，将经过语义理解的信息经过筛选和提取（王宇和刘淼，2013），根据竞争情报知识元的三元组结构完成名称集、属性集和关系集的状态赋值，其基本过程如图 3.5 所示，形成了竞争情报的"原始数据→情报元→情报知识元→情报先验知识"的闭环流动与转化，实现了情报萃取与知识提炼。

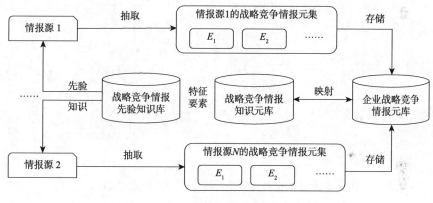

图 3.5　企业竞争情报元的抽取

3.3　基于情报元相似度的多源情报片段融合

3.3.1　情报片段融合框架

虽然从原始情报片段中辨识到的有价值信息以情报元的形式得到了结构化的知识表示，但其可用性和完整性都无法得到保证，需要进行情报原料的初级加工和数据预处理，即进行情报片段融合以剔除冗余及噪声数据和信息，并实现不完备情报的信息整合。

新收集的情报既可能是已被存储的历史情报，也可能是新的情报，抑或是对已有不完备情报元的补充或更新，更复杂的情况是在属性状态、时间、空间等不同维度与情报元库中的相关资源存在重复或交叉。因此，上述情况在进行情报片段融合时均需充分考虑，使针对同一情报描述对象的不同主观抽象与知识描述能够有效融合成可用性更强的情报元，弥补开放型"粗糙"情报供给带来的弊端。基于相似度的多源情报片段融合与情报元重构的最终目的，为企业提供基于情报元的"竞争情报拼图"，并客观呈现其动态演化的规律，为战略决策提供全面的竞争情报支撑，具体过程如图 3.6 所示。

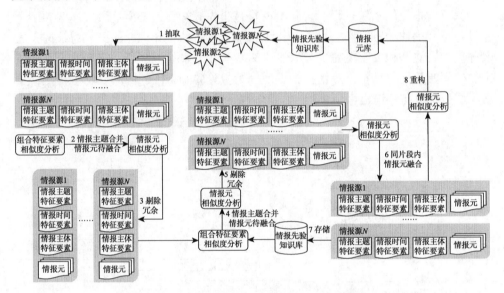

图 3.6　基于相似度的情报片段融合与情报元重构框架

其中，情报先验知识库以经过相似度融合预处理的情报片段为知识组织单位，记录了情报主题、时间、主体等特征要素，以及有关环境、企业主体等情报元等。该知识库的知识单元是基于主题或主体的一系列有序化集合。情报元库用于存储情报描述对象的细粒度情报元，并基于情报的时间特征记录着各属性要素的变化轨迹。当情报片段中抽取的情报元经过两次相似度分析，完成冗余和噪声情报的删除后，再一次利用相似度分析方法实现关联情报主题内部的情报元融合，最终完成情报元的整合与存储。可以说，上述过程是一个基于主题、时间、主体特征要素的情报凝练过程。

综上，情报片段融合与情报元重构过程先后进行了四次相似度分析或融合过程，并体现了三种不同视角的情报及其知识的组织与重构。情报片段库按照情报原始信息组成单位对情报元的序化和组织；情报元库打破情报片段的信息组织边界，按照情报知识元的描述结构进行细粒度的战略影响要素情报的结构化存储。

从竞争情报源中抽取的情报元在进行存储和分析之前，需要通过清理、转换、过滤和去重等预处理，消除数据的模糊性、冗余性和噪声干扰，将零散、无序的信息标准化、规范化（王翠波等，2009），以节省系统资源和提高后续的关联关系融合的效率。从信息集成的视角，基于知识元相似度的情报片段融合方法不仅支持情报知识资源"去伪存精"的初步提纯和情报碎片信息的有效整合，同时还为战略情报的深度融合提供丰富且高度结构化的情报元。

3.3.2　情报元相似度分析

进行情报元相似度分析的目的就是在明确情报描述对象为同类的基础上，进一步判断事物的属性状态特征值相似度。也就是说，首先要进行对应的情报知识元的相似度比较，从共性知识结构的视角初步判定描述对象是否相似；而后基于属性状态取值的综合相似度分析，为剔除冗余和噪声情报，以及不完备的情报元融合提供依据。设从情报源抽取的两个情报元分别记为 E_1 和 E_2 ，其相似度 $\mathrm{Sim}(E_1, E_2)$ 可分解为对应的情报知识元（记为 K_1 和 K_2）相似度和属性状态值（记为 S_1 和 S_2）相似度两部分，基本过程如下。

步骤 1：进行情报知识元的相似度分析以判断情报描述对象是否属于同类事物的基本准则，其对应的相似度 $\mathrm{Sim}(K_1, K_2)$ 是由名称集相似度和属性集相似度两部分构成的，基本过程如步骤 1-1 至步骤 1-3。若 $\mathrm{Sim}(K_1, K_2) \geqslant \varepsilon$ ，则 K_1 和 K_2 映射同一类情报描述对象的可能性较高，继续步骤2；否则认为 K_1 和 K_2 分属不同的知识元，则 E_1 和 E_2 相似的可能性也不高，故跳出分析过程。

步骤 1-1：情报知识元名称相似度分析，记为 $\mathrm{Sim}(N_1, N_2)$ 。其中， N_1 和 N_2 分别为知识元 K_1 和 K_2 的名称集，则基于 Tversky 提出的相似度计算原理（Tversky，1977），可得

$$\mathrm{Sim}(N_1, N_2) = \begin{cases} 1 & , N_1 \subseteq N_2 \text{或} N_2 \subseteq N_1 \\ \dfrac{|N_1 \cap N_2|}{|N_1 \cap N_2| + \alpha |N_1 - N_2| + (1-\alpha)|N_2 - N_1|} & , \text{其他} \end{cases}$$

（3.1）

其中， α 表示权重系数，可由情报分析员或者决策者根据实际情况设定，默认 α=0.5 。

步骤 1-2：情报知识元属性集相似度分析，记为 $\mathrm{Sim}(A_1, A_2)$ 。其中， A_1 和 A_2 为知识元的属性集，且只选取其状态属性集进行相似度分析。根据式（2.1）和式（2.2）， A_1 和 A_2 的相似度分析又可细分为属性名称集 n_a 和属性状态特征值

p_a 两部分，其余要素仅在情报元相似度分析时才进行比较。设 a_i 和 a_j 分别取自 A_1 和 A_2 的属性 $(1 \leqslant i \leqslant |A_1|, 1 \leqslant j \leqslant |A_2|)$，$n_{a_i}$ 和 n_{a_j} 为对应的属性名称，则 $\text{Sim}(n_{a_i}, n_{a_j})$ 按照式（3.1）进行计算，且有

$$\text{Sim}(p_{a_i}, p_{a_j}) = \begin{cases} 1, & p_{a_i} = p_{a_j} \\ 0, & p_{a_i} \neq p_{a_j} \end{cases} \tag{3.2}$$

$$\text{Sim}(a_i, a_j) = \text{Sim}(n_{a_i}, n_{a_j}) \times \text{Sim}(p_{a_i}, p_{a_j}) \tag{3.3}$$

若 $\text{Sim}(a_i, a_j) = 1$，则 a_i 与 a_j 为相同属性并实现配对，剔除 a_i 与 a_j 继续遍历 A_1 和 A_2 中的其他属性。设分析后共有 m 对属性配对成功，则参考式（3.1），A_1 和 A_2 的相似度为

$$\text{Sim}(A_1, A_2) = \frac{m}{\alpha|A_1| + (1-\alpha)|A_2|} \tag{3.4}$$

特别地，若比较双方的可靠度不存在差异或没有主次之分，则可设定系数 $\alpha = 0.5$，那么 $\text{Sim}(A_1, A_2) = 2m/(|A_1| + |A_2|)$。

步骤 1-3：情报知识元的综合相似度分析，由式（3.1）和式（3.4）可得
$$\text{Sim}(K_1, K_2) = \omega_1 \text{Sim}(N_1, N_2) + \omega_2 \text{Sim}(A_1, A_2) \tag{3.5}$$
其中，ω_1 和 ω_2 为根据知识元名称集和属性集的重要度而设定的权重值，满足 $0 < \omega_1$ 和 $\omega_2 < 1$ 且 $\omega_1 + \omega_2 = 1$。若 $\text{Sim}(K_1, K_2) \geqslant \varepsilon$，$\varepsilon$ 为知识元的相似度阈值，则 K_1 和 K_2 为描述同一事物的知识元的可能性较高，可进行融合处理；否则 K_1 和非 K_2 同一事物的知识元。

步骤 2：将经过知识元相似度分析中配对成功的 m 对属性分别记为 A_m^1 和 A_m^2，则属性状态值的相似度计算仅针对 $\forall a_i' \to a_j' \ (a_i' \in A_m^1, a_j' \in A_m^2)$ 进行，且取决于属性特征参数 $p_{a'}$，过程如下。

步骤 2-1：计算所有（设总数为 n）可定量描述（即 $p_{a_i'} = p_{a_j'} > 1$）的配对属性状态的相似度。此时同时比较量纲 $d_{a'}$ 和时变状态值 $f_{a'}$。设测度量纲 $d_{a_i'}$ 和 $d_{a_j'}$ 之间存在换算关系 $f_d : d_{a_j'} \to d_{a_i'}$，则 $f_d : f_{a_j'} \to f_{a_j'}'$。若 $f_{a_j'}' = f_{a_i'}$，则 $\text{Sim}(a_i', a_j') = 1$，视为属性状态 a_i' 和 a_j' 匹配成功；否则 $\text{Sim}(a_i', a_j') = 0$。当且仅当 $\prod_n \text{Sim}(a_i'^l, a_j'^l) = 1 (1 \leqslant l \leqslant n)$ 时，进行步骤 2-2；否则两个情报元不相同，跳出分析过程。

步骤 2-2：若比较计算所有（设总数为 p）可定性描述的配对属性状态的相似度时，满足 $p_{a_i'} = p_{a_j'} = 1$，则进行定性描述参数 $u_{a_i'}$ 和 $u_{a_j'}$（视为两组不同的字符串

集合）相似度计算时，根据名称匹配算法（肖君德，2012）求解如下：

$$\text{Sim}\left(u_{a'_i}, u_{a'_j}\right) = \frac{2 \times \sum \text{length}\left(\max \text{ComSubString}_k\right)}{\text{length}\left(u_{a'_i}\right) + \text{length}\left(u_{a'_j}\right)} \quad (3.6)$$

其中，$\max \text{ComSubString}_k$ 表示 $u_{a'_i}$ 和 $u_{a'_j}$ 中第 k 个公共字符串查找其最大公共字符串，删除，再继续寻找最大公共字符串直到没有新的公共字符串为止。此时，相似度结果记为 $\sum_p \frac{1}{p} \times \text{Sim}\left(u^l_{a'_i}, u^l_{a'_j}\right)$。若 $p_{a'_i} = p_{a'_j} = 0$，说明 a'_i 和 a'_j 不可描述，无须进行状态值比较（这样的属性要素对数记为 q）。

步骤 2-3：计算两个情报元的属性状态相似度为

$$\text{Sim}(S_1, S_2) = \begin{cases} 0 & , \prod_n \text{Sim}\left(a'^l_i, a'^l_j\right) = 0 \\ \dfrac{1}{n} + \sum_p \dfrac{1}{p} \times \text{Sim}\left(u^l_{a'_i}, u^l_{a'_j}\right) + \dfrac{1}{q}, & \text{其他} \end{cases} \quad (3.7)$$

其中，$n + p + q = m$。

步骤 3：计算两个情报元的综合相似度为

$$\text{Sim}(E_1, E_2) = \omega_1 \text{Sim}(N_1, N_2) + \omega_2 \text{Sim}(A_1, A_2) \times \text{Sim}(S_1, S_2) \quad (3.8)$$

若 $\text{Sim}(E_1, E_2) \geqslant \mu$（$\mu$ 为情报元的相似度阈值），则认为 E_1 和 E_2 是同一情报元的可能性较高，可进行融合处理；否则 E_1 和 E_2 为不同的情报元。

3.3.3 基于相似度的多源情报片段融合方法

1. 新采集情报片段相似度分析

如图 3.6 所示的情报片段融合过程经历的前两次相似度分析是针对新收集的情报片段所提取的关键要素和情报元而开展的。经过此次相似度分析后，新收集的多源情报片段完成了首次筛选，过滤掉冗余和噪声信息，压缩了情报资源的容量，以提高后续融合处理效率，完成了新采集情报片段的初次提纯，具体过程如下。

步骤 1：对情报片段的三关键要素，即主题 F_c、时间 F_t、参与主体 F_p，进行联合相似度分析。其中，主题为文本描述，按照式（3.6）求解 $\text{Sim}\left(F^1_c, F^2_c\right)$；时间相似度 $\text{Sim}\left(F^1_t, F^2_t\right)$ 按式（3.2）求解；参与主体为多要素描述，按照式（3.1）求解 $\text{Sim}\left(F^1_p, F^2_p\right)$。则当 $\text{Sim}\left(F^1_c, F^2_c\right) \geqslant \mu_c$，$\text{Sim}\left(F^1_p, F^2_p\right) \geqslant \mu_p$ 且 $\text{Sim}\left(F^1_t, F^2_t\right) = 1$ 时，认为两片段的主题相似度较高，则新融合的情报片段三要素中，除时间因完全一致而保持不变外，主题和参与主体特征要素均取并集，进入步骤 2；否则不

作处理，跳出融合分析过程。特别地，当 $\text{Sim}\left(F_c^1,F_c^2\right)\geqslant\mu_c$，$\text{Sim}\left(F_p^1,F_p^2\right)\geqslant\mu_p$ 且 $\text{Sim}\left(F_t^1,F_t^2\right)\neq 1$ 时，说明两片段可能是相关主题不同时段的描述，因此，需要进一步进行情报元的序化处理（详见第 3.4.1 节内容）。

步骤 2：对比较双方情报片段的情报元集合 $E_1=\left\{\left(k_1^1,e_1^1\right),\cdots,\left(k_1^s,e_1^s\right)\right\}$ 和 $E_2=\left\{\left(k_2^1,e_2^1\right),\cdots,\left(k_2^t,e_2^t\right)\right\}$ 进行相似度分析。首先，按照第 3.3.2 节的方法寻找匹配情报知识元对 $k_1=\left\{k_1^1,\cdots,k_1^s\right\}$ 和 $k_2=\left\{k_2^1,\cdots,k_2^t\right\}$，若匹配数 $m<\min(s,t)/2$，则认为两者为冲突数据，并视情报元集合容量小的一方为噪声数据加以剔除；否则，抽取匹配对的状态值 $e_1'=\left\{e_1^n,\cdots,e_1^{'m}\right\}$ 和 $e_2'=\left\{e_2^n,\cdots,e_2^{'m}\right\}$ 进行如式（3.7）的计算，继而根据式（3.8）求解联合相似度。若低于阈值，则记为主题相关的待拼合情报片段，进入不完备情报片段的相似度分析；否则，说明两情报片段具有高度冗余内容，进入步骤 3。

步骤 3：冗余情报元的处理，对于其中的匹配属性要素，保留完全吻合的状态值，其余不吻合的特征采取包容策略。其中，"包容"是指，对于同一特征要素的描述，若属于文本字符串类特征值，则采取并集操作；对于数值型特征值，则设立数据离散取值域，并记录对应的概率对，形式如 $\left[\left(12.5\mid 25\%\right),\left(12.8\mid 50\%\right),\left(14\mid 25\%\right)\right]$，且若样本数大于阈值时，则优先选取概率过半的数值。对于非匹配要素，属于不完备或不对称的情报属性描述，先保留在该情报片段的情报元中。

2. 新采集与原有情报片段相似度

经初次提纯后的情报片段在存储之前，还需要与已存储的情报片段进行第二次相似度分析以实现不同批次的情报片段融合，具体过程如下。

步骤 1：以情报片段的关键要素主题 F_c 为索引，从情报片段知识库中查询与新片段（记为 $K_F^n=\left\{F_c^n,F_t^n,F_p^n,E_n\right\}$，情报元集 $E_n=\left\{\left(k_n^1,e_n^1\right),\cdots,\left(k_n^s,e_n^s\right)\right\}$）相似度高的原有片段（记为 $K_F^o=\left\{F_c^o,F_t^o,F_p^o,E_o\right\}$，情报元集 $E_o=\left\{\left(k_o^1,e_o^1\right),\cdots,\left(k_o^s,e_o^s\right)\right\}$）。若 $\text{Sim}\left(F_c^n,F_c^o\right)\geqslant\mu_c$，则继续进行时间和主体要素的相似度分析，如下所示。

（1）若 $\text{Sim}\left(F_p^n,F_p^o\right)\geqslant\mu_p$ 且 $\text{Sim}\left(F_t^n,F_t^o\right)=1$，两片段的主题相似度高，则时间要素不变，主题和主体要素分别取并集，进入步骤 2。

（2）若 $\text{Sim}\left(F_p^n,F_p^o\right)\geqslant\mu_p$ 且 $\text{Sim}\left(F_t^n,F_t^o\right)\neq 1$，说明新片段可能是对该情报主题的信息跟踪，将 K_F^n 直接存入情报片段知识库，跳出分析过程；否则，新收集片段为全新主题情报，将 K_F^n 直接存入片段知识库，跳出分析过程。

步骤 2：对情报元集合 E_n 和 E_o 的相似度分析过程如"1. 新采集情报片段相似度分析"的步骤 2，进而判定新收集片段是否为噪声、冗余或不完备情报。剔除信息量小的噪声情报；冗余情报继续步骤 3；而不完备情报将进行后文相似度分析。

步骤 3：冗余情报元的处理如"1. 新采集情报片段相似度分析"，保留匹配属性要素中完全吻合的状态值，不吻合的特征采取包容策略处理；保留不匹配属性要素描述，进行"3. 不完备情报片段中情报元融合"的相似度分析。

特别地，如果设定仅收集 F_t^o 以后的新数据，则进行情报主题特征要素的相似度分析后，可以先判断时间特征相似度。若为历史数据则不予处理，直接跳出分析过程。

3. 不完备情报片段中情报元融合

由情报片段融合框架可知，进行第三次相似度融合处理的实质是将主题相似度高的情报片段的情报元汇聚在一起，对不完备或不对称的情报内容进行基于情报知识元结构的融合处理：除已经进行合并处理的特征要素外，对于不匹配特征要素及其取值将采取包容策略，即将所有互补的属性要素全部融合至情报片段的相关情报元中。现有的融合机制是在排除冗余和噪声情报的前提下，尽可能全面收集相关战略竞争情报，不放弃具有一定可信度的小样本细节情报并存储待用。

如前所述，本阶段仅就同一时点的相关主题情报片段进行融合处理，即当且仅当 $\mathrm{Sim}(F_c^n, F_c^o) \geqslant \mu_c$，$\mathrm{Sim}(F_p^n, F_p^o) \geqslant \mu_p$ 且 $\mathrm{Sim}(F_t^n, F_t^o) = 1$。由于相似度分析仅支持两个对象的比较，所有满足上述条件的情报片段均放在一个融合池中。假设情报片段 K_F^1 与 K_F^2 满足上述融合条件，则融合情报片段（记为 $K_F^n = \{F_c^n, F_t^n, F_p^n, E_n\}$）的重构过程如下。

步骤1：片段关键要素融合。由于强调同一时点，则 $F_t^n = F_t^1 = F_t^2$；主题要素集和主体要素集均取并集操作，即 $F_c^n = F_c^1 \cup F_c^2$，$F_p^n = F_p^1 \cup F_p^2$。

步骤 2：情报元融合。如果在收集情报时能够开展情报源可信度评估，可以提升情报片段融合的效率和科学性。因此，进行情报元融合时可进一步细分，不考虑情报片段可信度则进行步骤 2-1；否则进行步骤 2-2。

步骤 2-1：相似度高的情报元除保留匹配要素外，不匹配要素及其取值全部保留在新的情报片段知识库中待利用，即 $E_n = E_1 \cup E_2$。其中，对于对应的知识元相同但取值不同的属性要素，按照"1. 新采集情报片段相似度分析"的步骤 3进行处理。

步骤 2-2：设两片段分别取自信任度为 b_1 和 b_2（$0 \leqslant b_1, b_2 \leqslant 1$，且 $b_1 - b_2 > 0$）的认

证情报源。

（1）如果情报源可靠性差异明显，即 $|b_1 - b_2| \geqslant \tau$（其中 $\tau \in [0.5,1]$，为信差阈值），若匹配情报元集 E_m^1 和 E_m^2 中存在冲突要素数据，则选用较为可靠数据源 E_m^1 的数据并剔除另外一个，即合并后 $E_n = E_m^1 \cup (E_1 - E_m^1) \cup (E_2 - E_m^2)$。

（2）若情报源可靠性无明显差异，即 $|b_1 - b_2| < \tau$，则冲突属性要素采用"包容"策略：定性描述属性，除合并完全吻合的字符串外，其余内容进行特别追加标注；定量描述属性，在[数值|概率]形式的基础上追加可信度权重标注。例如，设两个情报元的数值属性描述分别为 $[e_1|\sigma_1]$ 和 $[e_2|\sigma_2]$，则考虑可信度的相关实例描述的概率分布将经过归一化处理而调整为 $[e_1|\sigma_1/(e_1\sigma_1 + e_2\sigma_2)]$ 和 $[e_2|\sigma_2/(e_1\sigma_1 + e_2\sigma_2)]$。

步骤 3：将新融合的情报片段 K_F^n 按主题相关性存入片段知识库；而其中的情报元打破了情报片段的边界，对于情报片段的三个关键特征要素，情报元与主题要素无关，是按照情报知识元的形式以环境、企业知识元（主体要素）的细分，最终按时间先后顺序存入情报元库中，即情报元序化处理（在 3.4.1 节中进行详细说明）。

3.4　基于时间序列特征的情报元序化与重构

基于相似度的多源情报片段融合及情报元重构，实现了新收集情报内容的初步提纯和整合，不仅为竞争情报商业价值的深度挖掘提供坚实的数据基础；通过更新现有竞争对手和市场环境情报元各属性特征要素的状态，以及企业自身的资源、能力等情况，并重构 SWOT 情报元，将市场综合竞争态势关键情报的全貌全景展现出来，客观呈现其动态演化的规律，为应对策略提供高价值的情报支持。

3.4.1　基于时间特征的情报元序化与融合

基于时间特征要素的情报元序化，就是按照情报描述的先后顺序进行同一对象情报元重新排序，以记录情报特征要素的变化轨迹，不仅是情报元存储的基础，同时也为决策者及时掌握竞争态势演化规律提供数据支持。参与序化处理的情报元需满足其对应的知识元相似度 $\mathrm{Sim}(K_1, K_2) = 1$，且其名称集属性值满足 $\mathrm{Sim}(E_N^1, E_N^2) = 1$。例如，选取某企业及其主要竞争对手的研发投入情报片段并进行情报元相似度融合，得到如表 3.1 的若干属性要素及其状态描述。

表 3.1　企业与其竞争对手的研发投入情报元

研发投入属性	企业 B				企业 A			
	2017 年上半年	2016 年	2015 年	2014 年	2017 年上半年	2016 年	2015 年	2014 年
新产品开发项目/项		29						
申报发明专利/项		50	46				6	5
研发人员数量/人		542	612	678		304	211	139
研发人员数量占比		9.18%	10.16%	10.95%		20.82%	15.07%	14.26%
研发投入金额/元	11 017 310	319 260 538	291 821 439	400 152 396	19 000 868	86 328 030	82 764 094	35 362 569
研发投入占营业收入比例	0.48%	4.96%	4.08%	4.86%	4.12%	6.97%	9.03%	7.04%

考虑到待分析情报元的描述差异性，在进行排序时如果不考虑时间跨度（即情报收集频率）的设定，无论是完备或对称的情报元序化（即情报元 E_1 和 E_2 具有相同的属性赋值结构），如表 3.1 中企业 A 在 2014 年和 2015 年的情报元；还是不对称的情报元序化，如表 3.1 中企业 B 2014~2017 年的情报元均有不同程度的数据缺失，此时仅需要按照情报元的时间特征要素的先后进行排序即可。

更复杂的情况是，需要考虑情报片段的时间特征要素的描述粒度。以企业 B 的情报元为例，若选取 1 年为时间跨度区间，则 2014~2016 年的情报元按照时间先后排序即可；若选取 2 年为考量区间，则情报元将取属性的最新状态赋值，即 $E^{16}=\{29,50,542,9.18\%,319\,260\,538,4.96\%\}$ ， $E^{14}=\{,,678,10.95\%,400\,152\,396,4.86\%\}$ 。注意，不同情报元的时间跨度区间选取各异，在情报元库中保存的同一描述对象的情报元的时间跨度区间应协调一致。例如，以收集到的第一个某情报元的时间特征要素 t_0 为起点，时间跨度为 τ ，则同一描述对象的情报元融合需要参考时间跨度区间 $\left\{\cdots,\left[t_0-2\tau,t_0-\tau\right),\left[t_0-\tau,t_0\right),\left[t_0,t_0+\tau\right),\cdots\right\}$ ，记为 $T_{t_0}^{\tau}$ 。

1. 基于相似度的环境情报元序化与融合

针对情报片段的环境情报元序化就是基于环境情报元的相似度分析和融合，以情报知识元的形式结构化展现宏观环境层面的最新动态情报，描述企业所处环境的全局状况。由前所述，由于绝大多数的宏观环境情报来源于可信度较高的数据源，假定从可靠源中可以获得全面、及时、完整的环境情报元。

由于存在大量非结构化文本内容的语义分析和特征要素提取，环境情报元的重构需要结合人工操作，主要包括以下环节：①环境情报类别的辨识；②环境情报元相似度分析；③环境情报元融合，若相似度高则按照序化过程替换为新的情报元，而对于相似度分析结果较低的内容均予以保留。

　2. 基于相似度的企业情报元序化与融合

　　为企业战略决策提供支持的情报元融合与重构，除了完成宏观环境的情报元的整合外，还需要通过丰富的企业资源情报元和企业能力情报元来描绘企业内部环境的优势和劣势，为企业提供客观、实时、综合且有深度的战略决策竞争情报支持。此外，对客户、供应商、合作伙伴等情报元的分析，也有助于企业感知市场需求的变化、洞悉商业机会或经营危机等，因此，基于现有市场参与者视角的情报元的重构也具有深远意义。

　　围绕市场参与者的情报元序化与融合主要针对企业情报元进行序化基础上的属性状态融合，即参考时间特性要素，针对同一市场参与者重新拼合对应情报元的属性特征要素及其取值，从中观层面对其最新状态的情报要素进行结构化描述。由于原有的市场参与者情报元已完成序化和存储，新收集的相关情报元虽然也具有企业知识元的共性结构，但由于同一情报片段可能涉及多个主体，而不同情报片段又可能涉及同一主体，且还要考虑时间特征要素等因素，因此在进行存储前需要进一步提炼相关企业情报元，并确保其刻画的时间跨度与情报元库中对应情报元一致，具体步骤如下。

　　步骤 1：根据新收集的情报元 E_1 的"公司名称"属性，在情报元库中寻找同类情报元。假设与之对应的情报元为 E_2，时间特征要素为 t_0，时间跨度为 $T_{t_0}^{\tau}$，则进入步骤 2；若没有找到对应情报元，则直接进入步骤 4。

　　步骤 2：比较 E_1 的时间特征要素 t_1 是否与 E_2 的时间区间有交叉，若 $t_1 \in [t_0, t_0 + \tau]$ 则两个情报元需要合并，进入步骤 3；否则不需要合并，进入步骤 4。

　　步骤 3：进行两个情报元的融合时，按照情报元序化的基本过程，更新相关属性的状态取值描述，拼合后的情报元的时间跨度不变，但时间特征要素选取 t_0 和 t_1 中较新的，进入步骤 4。

　　步骤 4：将企业情报元按照主体和时间特征要素，存储至情报元库中。由此，多源情报片段中的情报元完成了提炼，情报元库得到了更新。

3.4.2　基于时间切片的情报元重构

　　如果能够重构不同情报描述对象的情报元，将相关属性要素按照时间特征关系聚合在一起，从而呈现某一时间节点的多维度"竞争情报拼图"，将有利于决策者根据所需灵活组织和整合关键情报，为辅助决策提供更有针对性或者更全面的情报支持。

1. 基于时间切片的情报元重构方法

进行基于时间切片的情报元重构的目的在于，呈现出某一时间节点的各情报要素的状态，为情报分析员和决策者全面了解某阶段的历史数据或最新竞争态势情报提供支持。具体地说，基于竞争情报知识元体系，进行环境、企业及 SWOT 情报元的重构。设选取的时间切片节点为 t_0，针对某情报描述对象所收集的若干情报元记为 $E_1, \cdots, E_n$，则该对象在时间 t_i 的情报元重构基本过程如下。

（1）若考虑时间跨度要素，设时间跨度为 $T_{t_i}^{\tau}$，则需要针对情报元的时间跨度区间寻找对应的情报元。由于情报元是按照序化规律进行存储的，因此时间跨度区间 $\left\{\left[t_1, t_1 + \tau\right), \cdots, \left[t_1 + m\tau, t_1 + m\tau + \tau\right)\right\}$ 表示所有相关情报元的所属时间区间，其中 $m \geqslant n \geqslant n$，说明收集的情报元并不一定来自连续时间节点。若能够找到 $t_0 \in \left[t_1 + j\tau, t_1 + j\tau + \tau\right)$，其中 $1 \leqslant j \leqslant m$，则返回 E_j；否则说明在时间 t_i 没有可用情报元，返回空值。

（2）若不考虑时间跨度问题，设 $A_1 = \left\{\left(a_1^1, t_1^1\right), \cdots, \left(a_1^s, t_1^s\right)\right\}, \cdots, A_n = \left\{\left(a_n^1, t_n^1\right), \cdots, \left(a_n^s, t_n^s\right)\right\}$，其中 $s = |A_1| = \cdots = |A_n|$，$a$ 为属性状态，则遍历每个属性集的状态时间对 $\left(a_i^j, t_i^j\right)$，其中 $\forall 1 \leqslant i \leqslant n, 1 \leqslant j \leqslant s$。只要满足 $t_i^j = t_0$，则保留 $\left(a_i^j, t_i^j\right)$ 并继续遍历其他状态时间对，其集合表示为 $A = \left\{\left(a_1, t_0\right), \cdots, \left(a_p, t_0\right)\right\}$。由于 $a_1, \cdots, a_p$ 可能存在冗余，需要进行相似度分析以删除重复的状态时间对，再返回集合。

多数情况下，情报元在存储前都进行了基于时间跨度的序化与融合处理，以提高情报处理的资源利用率和效率。然而 SWOT 情报元的生成涉及不同市场参与者的情报元及环境情报元的综合呈现，是由多主体、跨领域的情报元融合生成的，因此基于同一时间跨度的序化与融合很难实现，不利于企业综合竞争态势情报的完整呈现，因此需要基于不考虑时间跨度问题的基本思想而进行 SWOT 情报元的重构。

2. SWOT 情报元的重构

SWOT 情报应该是能够考虑到时间特征要素，且全面反映宏观环境、市场参与者及企业自身发展态势的综合信息呈现。通过重构 SWOT 情报元可以结构化呈现企业内外部环境关键特征要素的演化，帮助企业及时感知竞争态势的变化甚至是转变。情报元序化是进行 SWOT 情报元重构的基础，宏观环境和市场参与者的情报元融合完成了细粒度的竞争情报结构化表示及更新，最终实现 SW 要素和 OT

要素的情报元重构，完成 SWOT 情报元变化轨迹的动态呈现，为战略决策分析、制定和执行提供知识输入。SWOT 情报元重构的关键在于各属性要素时间特征要素是否协调一致，具体过程如下。

步骤 1：依据序化关系，从情报元库中检索出最新的 SWOT 情报元；标记战略影响要素的类型，假如为 S 类型要素；进一步表示为属性状态和时间要素对，记为 $A_t = \{[a_1, t_1], \cdots, [a_n, t_n]\}$，时间跨度为 $T_{t_0}^\tau$，τ 为时间间隔，t_0 为时间切片节点。按照 SWOT 情报需求特征，每一项要素对都应呈现在所属时间区间内的最新属性状态。

步骤 2：基于时间特征的 SWOT 要素匹配。假设有最新收集并融合生成的 S 要素情报元的属性描述 $A_t' = \{[a_1', t_1'], \cdots, [a_n', t_n']\}$。遍历 A_t 进行时间匹配时，若 $t_i' < t_0 - \tau$，则不属于收集时间范畴内的数据，则忽略 $[a_i', t_i']$，返回步骤 2 继续遍历 A_t；若满足 $t_i' \in [t_0 - \tau, t_0)(1 \leqslant i \leqslant n)$，则不生成新的 SWOT 情报元，进入步骤 3；否则，生成新的 SWOT 情报元，进入步骤 4。完成遍历 A_t 后，进入步骤 5。

步骤 3：若 $t_i' \geqslant t_i$，则完成替换 $A_t' = \{[a_1, t_1], \cdots, [a_i', t_i'], \cdots, [a_n, t_n]\}$；否则，说明 $[a_i, t_i]$ 不需要更新，返回步骤 2 继续遍历。

步骤 4：此时满足 $t_i' \in [t_0, t_0 + \tau)$，说明 $[a_i, t_i]$ 进入了 SWOT 情报元收集的新周期，即产生新的 $A_t' = \{[a_1, t_1], \cdots, [a_i', t_i'], \cdots, [a_n, t_n]\}$，返回步骤 2。

步骤 5：遍历完成后，再依次完成 W 要素、O 要素和 T 要素情报元更新。这些情报元的时间跨度和时间切片节点要与 S 要素保持一致，最终完成 SWOT 情报元的重构。

此外，若考虑到在进行 SWOT 综合态势评估时，内部 SW 要素和外部 OT 要素都会随着市场环境的不断变化而呈现不同的发展趋势，可能出现优势逐渐缩小、被赶超，甚至原有的优势要素转变为劣势等复杂状况，这恰恰体现了竞争情报的及时采集对于动态呈现企业竞争态势的重要性。

参 考 文 献

包昌火，谢新洲，黄英. 2003. 竞争对手跟踪分析[J]. 情报学报，22（2）：194-205.

孙琳，王延章. 2017. 基于企业资源的竞争情报知识元构建与融合机制研究[J]. 情报理论与实践，40（7）：67-73.

王翠波，张玉峰，吴金红，等. 2009. 基于数据挖掘的企业竞争情报智能采集策略研究（Ⅰ）——采集现状调查与分析[J]. 情报学报，28（1）：64-69.

王宇，刘淼. 2013. 一种基于知识元的期刊文献知识仓库构建[J]. 情报理论与实践，36（8）：91-94.

肖君德. 2012. 知识元相似度模型及融合方法研究[D]. 大连理工大学硕士学位论文.

余吉安. 2009. 企业资源集成及其能力研究[D]. 北京交通大学博士学位论文.

张玉峰，部先永，王翠波，等. 2009. 基于数据挖掘的企业竞争情报智能采集策略研究（Ⅱ）——采集信息源的分析、选择与集成策略[J]. 情报学报，28（1）：70-74.

Carmuli A. 2003. Assessing core intangible resources[J]. European Management Journal，22（1）：110-122.

Hitt M A，Ireland D，Hosikisson R E. 1995. Strategic Management[M]. New York：West Publishing Company.

Phythian M. 2009. Intelligence analysis today and tomorrow[J]. Security Challenges，5（1）：67-83.

Tversky A. 1977. Features of similarity[J]. Psychological Review，（84）：327-352.

Wernerfelt B. 1984. A resource-based view of the firm[J]. Strategic Management Journal，5（2）：171-180.

第4章 基于情报元关系的情报融合方法

知识元作为知识推理的基本元素，通过属性关系来揭示微观规律，有助于关联知识的深度融合。基于情报元关系的战略情报融合，有利于深度解析多源情报中隐性关系，实现情报的知识增值，为精准决策提供知识支持。

4.1 基于情报元关系的情报融合框架

立足于复杂决策问题的情报需求，对情报元进行关联关系推理，以获得对决策问题的深层表述和解析。在辅助企业战略决策支持方面，开展企业竞争角色关系的情报辨识、敏感竞争事件关系的情报跟踪，以及战略决策关键要素特征关系的情报融合是循序渐进实现竞争情报商业价值的有效途径。采用知识元网络生成、知识元相似度分析和知识元多属性融合相关理论方法，初步构建情报融合框架，如图 4.1 所示。

首先，企业竞争角色关系是竞争情报分析的基础。市场参与者是开展竞争情报收集的主要对象，从情报片段中辨识出的企业间竞争角色关系可以进一步扩展情报收集的目标，有助于密切跟踪竞争对手动态并开发潜在的上下游合作者；还可以进一步分析企业竞争角色关系的紧密度，从而明确相关企业在市场竞争价值网络中的地位。

其次，基于情报元的敏感竞争事件情报融合能够灵敏地呈现市场环境的最新变化，时效性强，有利于快速洞悉市场参与者的实时动向，高度关注和密切跟踪敏感竞争事件的发展趋势，为企业第一时间响应市场变化提供情报支持。不仅可以作为 SWOT 综合态势情报的有力补充；也使得对竞争对手核心业务情报跟踪分析成为可能；此外，基于事件的跨主体属性关系融合，还有利于识别涉事企业的

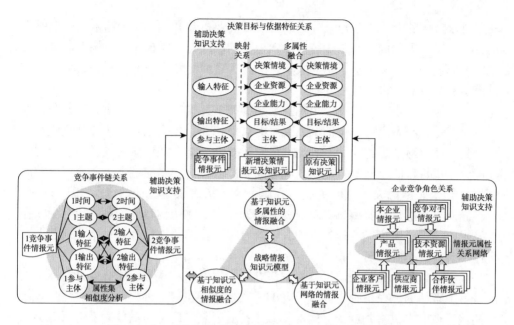

图 4.1 基于知识元与情报元综合关系的竞争情报融合框架

竞争角色关系。

最后，战略决策关键要素特征情报融合本质是分析决策知识元的决策目标与决策依据特征要素间的关联关系，但要借助于情报元梳理环境、资源及业务要素对决策实施效果的影响，通过决策情报元中结果与目标匹配度的评估完成对融合结果的校验。由此，通过基于知识元与情报元综合关系的深度融合，能够帮助企业积累丰富而精准的决策知识，发挥竞争情报在企业战略分析、决策制定、效果评估中的知识支持作用。此外，由于敏感竞争事件情报更具时效性，其对战略决策的制定和调整也起到了积极作用。特别地，决策知识元的属性集构成与事件知识元的共性结构相似，其中"决策依据"对应于事件"输入特征"而"决策目标/结果"对应于事件"输出特征"。由此可见，某些事件情报元也能够为决策知识的生成提供支持。

4.2 基于情报元关系的企业竞争角色情报融合

4.2.1 竞争情报中企业竞争角色关系辨识需求

竞争情报的商业价值部分体现在对企业竞争角色关系的辨识和描述上，其有利于寻求最佳的上下游合作伙伴，及时发现商业机会和响应市场需求，为企业主动参与市场竞争和创造竞争优势提供知识支持。同时，掌握更多市场参与企业名录，才能进一步丰富竞争情报的收集目标，为全面的竞争态势解析和战略决策提供充足的情报信息和知识。

一般认为，企业间的竞争角色关系包括如下几类：①企业竞争关系，即企业的竞争对手，与本企业提供的产品或服务类似，并且目标顾客也相似的企业。显而易见，竞争对手是竞争情报收集的最重要目标。②企业供应关系，即企业的供应商，是指直接向企业提供商品及服务的企业。企业的供应链是企业重点保护的情报。③企业销售关系，即企业的客户企业，指购买本企业的产品或服务的企业。企业客户的情报资源也是企业要极力保护的。④企业合作关系，指与企业存在技术、项目、投资等合作的企业。收集合作企业的关键情报，对企业挖掘潜在合作机会具有积极影响。

现有竞争角色关系的情报分析主流方法包括网络共现分析法、综合指标识别法等。前者认为，在情报中同时出现的多家企业存在着一种虚拟链接关系，并使用链接出现的次数来判断企业间的相似度；后者是专门针对竞争对手进行分类识别，并深度解析整个竞争威胁链条中各企业整体情况的指标，据此划分竞争对手的威胁级别，如核心竞争对手、中间竞争对手、外围竞争对手和潜在竞争对手等（刘志辉等，2017）。包昌火等（2003）进一步归纳了竞争对手的情报追踪方法：①基于产品、行业、品牌和消费愿望等要素确定直接竞争对手；②通过全程跟踪市场参与者，明确各种竞争角色关系；③依据市场规模、竞争策略、分销渠道等分析，定位直接竞争对手及竞争优势及劣势的行业细分方法。

综上，利用竞争情报进行企业竞争角色关系的辨识与融合需要满足以下情报与知识储备需求：①以产品为核心，识别相关类别产品的所有的市场参与者；②明确各参与者的竞争角色关系，主要包括竞争关系、销售关系、供应关系及合作关系；③分析市场参与者的竞争价值网结构，对各角色参与者按照企业关系的紧密度进行等级划分。

4.2.2　基于情报元关系的竞争角色情报融合方法

本节提出一种基于情报元关系的企业竞争角色情报融合方法，综合了三种竞争角色关系辨识的情报追踪方法的优势和特点（包昌火等，2003）。在竞争情报知识元体系中，企业竞争角色关系的知识表示是通过产品情报元的属性关系网络来实现的。因此，竞争角色情报融合过程就是围绕产品情报元与相关企业情报元的属性关系网络的生成过程。情报知识元网络本身可以通过知识元间属性关系实现知识推理，但那是基于共性知识层面的情报知识元关系融合，而情报元网络的重构，可以呈现出比知识元网络更深层次、更具体反映企业竞争业务层面的情报隐含关联知识。

传统的基于文本相似度的企业关系辨识虽然能够衡量竞争角色关系，但仍有局限：企业竞争角色关系主要体现在产品上，而同一产品可能出现多种命名，且经营替代产品的企业也具有潜在竞争关系（郭凯，2010）。因此，扩展到产品"所属类别"为情报目标，基于企业现有的竞争角色关系，与相关情报片段中涉及的所有企业主体进行相似度分析与融合，进而识别其中可能蕴含的隐含竞争角色关系，基本思路如图 4.2 所示。

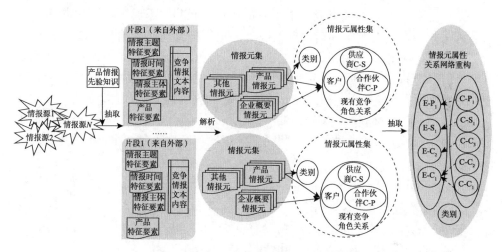

图 4.2　基于情报元的企业竞争角色关系情报融合框架

将与企业构成竞争角色关系的主体按照其参与市场角色细分为核心类、外围类和潜在类，分别标记为 G_1、G_2 和 G_3。竞争角色关系的融合可基于产品类别或企业进行情报片段的收集，前者可通过产品情报元的相似度分析方法（记为方法 A）实现，后者则可利用企业网络共现分析法（记为方法 B）实现，具体过程如下。

步骤 1：依据产品情报元特征要素（如产品名称、所属类别、现有商业关系等）的先验知识，收集并解析相关情报片段，获取情报主题、主体和时间特征要素。

步骤 2：从情报片段中抽取产品情报元；同理，根据情报主体特征要素生成企业概要情报元。根据辨识方法分类分别进入步骤 3-A 或步骤 3-B。

步骤 3-A：基于产品收集的情报片段中涉及的所有主体均被视为受关注的企业并对其进行竞争角色判断。前提是确定该企业未曾被识别过，即通过相似度分析求解 $\mathrm{Sim}(N_0, N_1)$，其中 N_0 和 N_1 分别代表已辨识的和待辨识的企业概要知识元中的"企业名称"。若该企业未被辨识，若为该类产品的生产商，则被视为本企业的竞争对手，构成竞争关系；若为分销商和客户，则被视为本企业的客户，即构成销售关系；若为供应商，则构成供应关系。

步骤 3-B：基于企业主体收集的情报片段中可能涉及已明确竞争角色的企业（设为 F_1）和未经辨识但与 F_1 存在明确关系的企业（设为 F_2）。当 F_1 是本企业竞争对手时，若 F_2 为 F_1 的客户，则视 F_2 为本企业的潜在客户，更复杂的情况需要考虑地域性、市场定位等因素；若与 F_1 存在供应关系，当且仅当情报片段中供应产品（一般包括生产资料和生产设备）为企业所需，则视 F_2 与企业可能具有供应关系；当 F_1 与企业构成产业链上下游的供应、销售关系时，需要考虑相关产品是否与企业产品有关，即后两种情况都需要进行供应产品的相似度分析。

步骤 4：利用综合指标识别方法进行市场角色的级别细分，角色级别越高则市场价值链中的地位越高，市场活跃度越高，从而成为情报收集的主要目标。其中，综合指标的判定可以选择销售业务的某些关键指标。

步骤 5：更新对应产品情报元的"商业关系"属性，实现产品情报元与企业概要情报元属性关系网络的扩展。将企业情报元和经过融合处理的产品情报元进行存储。

产品情报元与企业情报元间关联关系的生成使得产品属性集 $K_0^a = \left\{ A_0^I, A_0^S, A_0^O \right\}$ 中的输入属性集自然继承了企业情报元中的关键特征属性要素。此外，对新辨识出的市场参与者的角色分类可以在产品知识元的"商业关系"属性中予以注明，如 $a_b = \{$企业名称，商业关系，等级$\}$。

综上，基于情报元关系的企业竞争角色情报融合研究，通过企业网络共现分析和产品情报元相似度分析方法，揭示出以产品及其所属类别为竞争核心的各类隐含企业竞争角色关系，并描绘了角色等级，为企业深入拓展情报收集对象指明了方向；同时，实现了产品情报元与企业概要情报元间的属性关系网络构建。

4.3 基于情报元关系的敏感竞争事件情报融合

4.3.1 竞争情报中敏感事件关系辨识需求

在激烈的市场环境中，对敏感竞争事件情报的监测有利于企业洞悉市场的实时动向，密切跟踪竞争事件的发展趋势。由于 SWOT 情报仅呈现超出"态势阈值"时的关键特征要素，对竞争环境的最新变化可能反应滞后；而敏感竞争事件情报聚焦于企业高度关注的关键领域进行信息收集。基于时间序列和多主体的敏感竞争事件情报的融合,通过企业共现网络关系分析,有利于识别涉事企业的角色关系等;此外,还可以作为 SWOT 综合态势情报的有力补充,甚至某些可以及时触发对于最新 SWOT 情报元的重构和评估,从而为企业及时采取应对决策争取了时间,体现了关键"小情报"的时效性。

特别地,基于敏感竞争事件关系的战略情报融合还使得对竞争对手核心业务的情报跟踪分析成为可能。出于商业机密考虑,企业往往对内部业务关键数据严加保护。敏感竞争事件情报的主题选取聚焦于企业价值链的核心业务环节,利用融合方法还可以将离散分布在不同情报片段中的敏感数据通过事件情报元的重构与关系融合得到拼合,从而越来越清晰地呈现出竞争对手的综合态势情报"拼图"。

(1)基于时间序列的敏感竞争事件关系链辨识。一方面,可以把同一主题或类型的事件情报元按照时间顺序整合起来,作序化处理;另一方面,还可以深度分析同一时段的不同事件间可能隐含的关联关系,即基于时间片段分析事件之间的关联耦合关系和事件的演进过程。由此,分析企业或行业的技术演进、市场开拓、营销计划、战略部署、发展目标等,从而为决策者进行趋势判断、动向感知、前瞻预测等提供最为"敏感"的竞争情报,有利于把竞争情报的辅助决策功能从战略支撑扩展到战略引领(化柏林和李广建,2015)。

(2)基于敏感竞争事件的跨主体属性关系融合。通过聚焦敏感性竞争事件的企业主体间共现网络关系的分析,有利于根据相关事件中涉及市场参与者的紧密关系更为深入地分析各企业的竞争角色关系,进一步明确企业在市场竞争价值网络中的地位。竞争事件的跨主体属性关系融合本质上与第 4.2 节的竞争角色关系辨识过程一致。

事实上,除了从外部环境中收集市场中的参与者涉及的敏感竞争事件之外,企业内部的很多关键业务若属于敏感主题,也可以被视为敏感事件,此时主体特征即企业自身。通过输入和输出属性间的匹配关系,能够将企业内部关键事件联系在一起,帮助决策者重新审视企业的核心价值链各战略业务环节的实时状态,更深入地辨识企业优势,为 SWOT 情报元的重构提供支持。

4.3.2　基于情报元关系的敏感事件情报融合方法

从数据源中抽取的情报片段具有情报主题、时间、主体等关键特征要素,以及环境、企业等情报元。当其涉及敏感主题时,将按照事件知识元的结构进行重新描述。假设情报片段的特征要素及其企业情报元记为 $K_F = \left\{ F_c, F_t, F_p \middle| E_p^1, E_p^2 \right\}$,

事件敏感主题词集设为 $W = W_d \cup W_a$，其中，W_d 为领域主题词集，W_a 为动作主题词集，则事件情报元抽取过程如下。

步骤 1：情报片段主题特征要素与敏感事件主题关键词集的相似度分析。若满足 $\mathrm{Sim}(W_d, F_c) \times \mathrm{Sim}(W_a, F_c) \geqslant \mu_w$（$\mu_w$ 为主题相似度阈值），则认为该片段中蕴含敏感竞争事件情报，需要进行敏感竞争事件情报元抽取与重构，进入步骤 2；否则跳出。

步骤 2：根据情报片段中的 $\{F_c, F_t, F_p\}$ 描述，对事件知识元的事件主题、时间、主体属性赋值，同时选择满足 $\mathrm{Sim}(W_d, F_c) \times \mathrm{Sim}(W_a, F_c) \geqslant \mu_w (w_d \in W_d, w_a \in W_a)$ 的主题词构成字符串结构为 $W_d \cup W_a$ 的事件类型。

步骤 3：将情报片段中的所有情报元按照企业主体对应关系完成事件知识元的关键特征属性状态赋值，全部属性均归为输出（即对市场竞争环境均会造成影响），而输入则多由环境情报元的特征提取而得。

步骤 4：事件情报元经过融合处理，保存至情报元库中。

基于情报元关系的敏感竞争事件的情报融合，就是通过对主题、时间、主体、关键特征等属性进行相似度分析，融合事件情报元间的属性关联关系。设两个事件情报元分别为 $E_1 = \left\{ c_1, t_1, p_1, k_1, l_1, \left(E_1^I, E_1^O \right) \right\}$ 和 $E_2 = \left\{ c_2, t_2, p_2, k_2, l_2, \left(E_2^I, E_2^O \right) \right\}$，其中，$c, t$ 和 p 分别代表事件主题、时间和主体三要素，k 和 l 分别代表事件类型和地点，E^I 和 E^O 为输入、输出特征要素情报元，则判断是否可以进行关系融合的具体过程如下。

步骤 1：两个事件情报元的综合相似度分析，其中各属性要素的权重等分。若 $\mathrm{Sim}(E_1, E_2) \geqslant \mu$（$\mu$ 为事件相似度阈值），则进入步骤 2；否则跳出融合处理。

步骤 2：根据 t_1 和 t_2 时间属性确定两事件的序列关系。例如，若 $t_1 \geqslant t_2$，即事件 E_1 为 E_2 的后续关联事件，则重构 E_1 情报元的输入属性 $E_1^I = \left\{ E_2^O \middle| E_1^I \right\}$，由此完成事件知识元间的属性关联的结构化描述。

步骤 3：判断与企业的竞争角色关系及其等级。由于两事件涉及的主体 p_1 和 p_2 关系较为复杂，如单主体或多主体，且可能出现重叠或完全不同等情况，所以在跟踪事件参与主体时，根据 4.2.2 小节进行竞争角色关系辨识。特别是，将多次出现在该事件链中的企业，即市场活跃度高且满足 $p_c = p_1 \cap p_2$ 的主体角色等级进行一定机制下的升级。

步骤 4：将事件情报元按关联性及时序关系（序化）存储至情报元库中。

综上所述，利用基于时间序列和多主体的敏感竞争事件关系辨识与情报融合方法，能够帮助决策者快速感知竞争环境中的敏感事件，甚至由于某些关键特征要素的情报元获取，可以及时触发对最新 SWOT 情报元的重构，为企业及时采取应对决策争取了时间。

4.4　基于知识元与情报元综合关系的决策情报融合

企业战略决策具有很高的不确定性，其中存在大量非结构化问题和不确定因素，难以用定量方法进行描述和求解，需要借助决策者的经验及提炼的竞争情报知识进行定性推理和分析（刘欢，2006；赵慧娟，2007），以进一步提升决策制定的智能性和科学性。从战略决策的知识需求来看，竞争情报不仅要为企业提供 SWOT 特征要素的动态信息，同时还应能在战略分析、决策制定和效果评估各环节提供关键信息和知识的输入及反馈。

进行基于知识元与情报元综合关系的决策特征情报融合的目的在于，通过对情报案例知识的深度融合，生成能够指导管理实践活动的决策经验知识。本书将情报素材为企业战略决策提供的知识细分为两类：一是作为知识反馈的决策案例知识，指在明确决策目标和参与主体的基础上，对决策依据和决策结果特征属性及其状态具有完整描述的情报元，可以作为正面（达到预期效果）或者负面（未达预期效果）事实证据对决策执行效果进行综合诠释；二是作为知识输入的决策经验知识，指在决策案例知识学习的基础上，对知识元决策目标和决策依据的特征要素间的关联关系进行解析，其中既包含了关键依据属性的筛选，也涵盖了属性状态的界定（经验知识的较高级形态），是指导决策制定的知识基础。

基于知识元与情报元综合关系的决策关键要素特征融合方法能够为决策情报融合提供有效途径；然而，基于 SWOT 知识元开展竞争情报融合的特殊性在于，在决策制定过程中，还应进一步考虑 S 要素与 W 要素、O 要素与 T 要素间可能存在的转化关系。这不仅有助于从战略影响要素的知识层面实现对竞争态势的综合诠释与客观评价，还弥补了决策者主观经验知识的局限性，通过基于 SWOT 情报决策案例知识的关系解析和推理，为企业战略决策提供更为精准的决策经验知识输入与反馈。

4.4.1　基于知识元与情报元的决策关键特征融合方法

决策关键特征情报融合本质是分析知识元决策目标与决策依据特征间的关联关系：一方面，基于决策目标进行决策依据关键特征的筛选有助于实现决策案例知识隐含特征关系的深度融合，其本质是通过知识元的多属性融合来实现的；另一方面，基于决策情报源抽取的情报元中关键特征的异常监测还可以进一步驱动应对决策的制定和调整，从而帮助企业提高决策的科学性和精准性。

更进一步，决策知识元属性集合体现了对战略决策的分析、制定和执行效果过程的"决策目标—决策依据—决策结果"的"黑箱"描述。通过案例知识学习与经验知识的多属性融合过程，实现战略执行效果评估的知识输出和反馈，提升了企业战略分析时依据特征要素选取的科学性。

1. 基于情报元相似度的决策案例知识积累

决策情报融合是实现决策经验知识不断更新和完善的有效手段。融合前提是对决策情报元，即案例知识进行决策主题及决策目标属性的相似度分析。设两个决策情报元 $E_1 = \{c_1, P_1, t_1, B_1, [A_1, R_1]\}$ 和 $E_2 = \{c_2, P_2, t_2, B_2, [A_2, R_2]\}$，其中 c, P, t, B, A, R 分别表示决策主题、主体、时间特征要素，以及依据、目标和结果的属性状态集，则两个决策案例知识的相似度分析过程如下。

步骤 1：决策主题特征相似度分析。按照式（3.6）的文本相似度方法进行比较，若 $\mathrm{Sim}(c_1, c_2) \geqslant \mu_c$（$\mu_c$ 为主题相似度阈值），则进入步骤 2；否则结束。

步骤 2：决策目标属性集的相似度分析。决策目标通常由一个或多个业务指标、企业资源指标构成。通常情况下，虽然企业决策的主题相似，但可能决策所关注的关键指标不同。因此，求解并满足 $\mathrm{Sim}(A_1, A_2) \geqslant \mu_a$ 时，进入步骤 3；否则跳出。

步骤 3：决策主题与目标集的综合相似度分析。当满足 $\mathrm{Sim}_D^1 = \omega_1 \mathrm{Sim}(c_1, c_2) + \omega_2 \mathrm{Sim}(A_1, A_2) \geqslant \mu_D^1$（其中，$\omega_1$ 和 ω_2 为权重系数）时，两个决策情报元属于同类决策知识，可以进行归类学习，进入步骤 4；否则跳出。

步骤 4：进行决策情报元的综合相似度比较，去除冗余。由于满足步骤 3 的条件，则此步骤仅针对"依据"和"结果"进行综合相似度比较，若 $\mathrm{Sim}_D^2 = \omega_3 \mathrm{Sim}(B_1, B_2) + \omega_4 \mathrm{Sim}(R_1, R_2) \geqslant \mu_D^2$（其中，$\omega_1$ 和 ω_2 为权重系数），则两情报元相似度高，按照 3.3.3 小节介绍的方法进行融合并剔除其一。将保留的情报元按照序化存储到知识库中待融合分析。

2. 基于知识元多属性融合的决策经验知识更新

限于认知的局限性、表述的差异性及环境的不确定性，人们对于决策知识元的初始描述，特别是基于决策目标的决策依据指标特征属性的筛选带有主观色彩或经验主义，往往不够全面；由此，决策知识元的属性描述是不完备的。随着决策情报元的不断积累，可以从实践中不断总结决策实施效果是否达到预期，再进行决策依据属性特征要素的调整，从而实现情报素材知识对战略决策的知识反馈。

由此，可以利用基于证据理论的多属性融合方法，根据收集的决策案例知识不断更新原有决策经验知识中的决策依据多属性特征指标，实现基于 SWOT 态势分析的战略决策的经验知识融合。设决策经验知识待融合部分为 $K_1=\{B_1,P_1,A_1,R_1\},\cdots,K_n=\{B_n,P_n,A_n,R_n\}$（其中 B,P,A,R 分别为决策依据、决策主体、目标和结果属性特征集），按照 Sim_D 分析结果属于同类决策案例知识（设主题记为 c_0，目标记为 A_0），在不考虑决策效果的情况下，基于知识元多属性的决策依据特征融合过程描述如下。

步骤 1：剔除冗余特征属性，定义多属性融合的辨识框架。以 K_1 和 K_2 为例，用 $B_1=\{b_1^1,\cdots,b_1^s\}$ 和 $B_2=\{b_2^1,\cdots,b_2^t\}$ 表示决策案例知识中特征属性集合，则基于 B_1 属性遍历分析 B_2 各属性，若 $\mathrm{Sim}(b_1^i,b_2^j)=1(1\leqslant i\leqslant s,1\leqslant j\leqslant t)$，则按照 3.3.3 小节的规则剔除其一。直至完成所有经验知识决策依据属性要素的合并处理得到 $\theta=\{b_1,\cdots,b_m\}$（其中，$m=|\theta|$）。

步骤 2：在 2^θ 的辨识框架下，进行多属性融合分析，其中 $B_1,\cdots,B_n$ 被视为相互独立的证据，得到融合结果 B_f。

步骤 3：按照前两个步骤的过程进行基于决策主体的多属性融合分析，得到结果 P_f。

步骤 4：重构决策知识元的共性结构描述。完成决策经验知识的更新，属性集知识元 $A_s=\{c_0,P_f,t,B_f,[A_0,R]\}$，保存到情报知识元库中，$c_0$ 与该决策知识元的名称相对应。

更进一步，考虑决策效果的反馈进一步评估决策依据的选取与决策目标的实现是否匹配，则在进行步骤 1 之前，先进行如下的筛选过程。

步骤 1-a：决策结果与目标匹配度分析。设决策情报元的决策效果特征属性描述为 $\left[(a_1,s_1),\cdots,(a_n,s_n)\|r_1,\cdots,r_n\right]$，其中，$a_i$ 和 $s_i(1\leqslant i\leqslant n)$ 分别表示目标属性特征及其阈值（即目标状态，可以是一个区间或定性描述），r_i 表示实施决策后对应特征 a_i 的实际状态。若 r_i 属于 s_i 规定的范围，则进入步骤 1-b；否则该决策情报元非学习样本，跳出本次过程，继续寻找其他决策案例知识。

步骤 1-b：视决策情报元为学习样本，进行缓存待融合分析。跳回步骤 1-a 继续遍历分析，直至所有决策情报元均完成筛选，再进入步骤 1 开始进行多属性关系融合。

综上所述，基于决策案例知识的目标与依据要素的多属性融合实现了知识元属性关系融合，完善了作为决策经验知识的决策知识元的属性描述。特别是，决策案例知识对修正原有的决策经验知识更具说服力，能够在一定程度上提升决策依据的可靠性和合理性，弥补了决策的主观性和局限性，从而将竞争情报真正与企业战略决策制定、执行、评估的全过程紧密结合，发挥竞争情报对辅助决策的行动导向性价值。

4.4.2　基于 SWOT 知识元与情报元的战略决策情报融合

利用 SWOT 工具的传统情报分析方法，就是在对先期得到的企业优势、劣势、机会、威胁各要素认知保持不变的前提下，进行情报要素匹配，反映出的是一种静态的战略思想。然而，企业所处的竞争环境瞬息万变，原有的竞争优势及劣势可能会随市场环境的最新动向而发生转变。因此，在使用 SWOT 模型时要根据竞争环境的变化和战略决策的需要不断吸收最新情报，进行动态分析、反馈及修正，使战略分析与决策对竞争环境变化更加敏感。本节针对 SWOT 战略决策情报融合的三个亟待解决的问题开展深入研究。

问题 1：利用 SWOT 工具，决策者通常根据不同的内部要素组合（S 要素和 W 要素）进行战略决策（即最优战略的选择，标记为 D 要素）的选择，这种关系匹配或最优战略的路径选择是否科学合理，如何进行客观评价？

问题 2：在 SWOT 分析矩阵中所列出的各类要素组合是战略决策实施的充分必要条件，还是充分条件，即决策依据指标描述的完备性——现有要素组合所描述的最优战略选择路径的知识是否是包含全部关键要素的最小集？

问题 3：在竞争态势瞬息万变市场环境下，S 要素和 W 要素可能发生转变，采用什么样的筛选策略才能准确呈现企业最新的竞争态势？一方面，要明确企业的优势及劣势与哪些竞争对手进行比较；另一方面，还要界定特征要素是否具有优势或劣势的阈值。

基于 SWOT 知识元与情报元的决策情报融合方法研究，本质上就是寻找不同 SWOT 特征组合状态下的最优战略选择问题。由于无法断定内外部因素与战略决策的匹配是否合理，采用战略影响要素先验知识收集情报，并设定关键属性的正负向阈值以及时调整优势及劣势属性状态，并采用反馈机制对决策经验知识进行修正，具体包括以下过程。

1. 基于目标与依据属性关系融合初步构建决策经验知识

进行最优战略选择时，需要明确战略执行的目标与预期达到的效果，而决策经验知识的描述并不关注战略执行的过程而更注重投入产出。由此，抽取各种组合特征下最优的战略目标，进行具有组合特征的决策依据多属性融合以寻找匹配关系：

步骤 1：根据决策目标 G，对应 SWOT 分析矩阵收集相应的决策依据属性，一般形式为 SWOT 各特征要素的情报案例知识。例如，在 SO 矩阵中，收集到的决策依据案例知识包括如下 N 组，记为 $A_{SO}^1 = \left\{ S_1^1, \cdots, S_1^{m_1}, O_1^1, \cdots, O_1^{m_1} \right\}, \cdots, A_{SO}^N = \left\{ S_N^1, \cdots, S_N^{n_N}, O_N^1, \cdots, O_N^{m_N} \right\}$。

步骤 2：构建识别框架 $\theta = A_{SO}^1 \cup \cdots \cup A_{SO}^N$，进行证据 $A_{SO}^1, \cdots, A_{SO}^N$ 的多属性融合计算，得到结果 $A_{SO}^f = \left\{ S_f^1, \cdots, S_f^{n_f}, O_f^1, \cdots, O_f^{m_f} \right\}$，意味着，当 $S_f^1, \cdots, S_f^{n_f}$ 特征的状态取值均构成优势，而 $O_f^1, \cdots, O_f^{m_f}$ 特征的状态取值均构成机会时，可采用决策目标 G 所对应的战略。

步骤 3：将上述 SO 组合战略选择特征属性，分别按照 $A_{SO}^f = \left\{ S_f^1, \cdots, S_f^{n_f}, O_f^1, \cdots, O_f^{m_f} \right\}$ 及 G 分别作为决策知识元的"决策依据"和"决策目标"属性进行存储，并作为日后的决策经验知识。

综上，应用融合获取的决策经验知识时，不仅要关注决策依据的特征属性都有哪些，还要关注这些特征指标现有的状态是否构成优势或者机会。因此，为其中涉及的每一种特征属性设置决策阈值非常重要。一般地，为 A_{SO}^f 中每一个特征要素设置正负向阈值。例如，$\left[s_1^{\min}, s_1^{\max} \right]$ 意味着当 S_f^1 的状态值为 $S_f^1 \geqslant S_1^{\max}$ 时，界定为优势特征；若 $S_f^1 < S_1^{\min}$ 时，界定为劣势特征；否则既非优势也非劣势特征。阈值的制定也有两种方式：一是参考主要竞争对手或行业平均水平；二是参考企业的历史数据。

2. 基于情报元的决策效果评估积累决策案例知识

步骤 1：收集 SWOT 情报元。在战略执行之初，记录各 SWOT 特征要素状态 $E_0 = \{ S_0, W_0, O_0, T_0 \}$。战略决策 G 实施的评估阶段，针对所有的战略影响要素进行竞争情报跟踪，根据 3.4 小节的方法获取 SWOT 情报元 $E_1 = \{ S_1, W_1, O_1, T_1 \}$。此时，$E_1$ 不能进行存储。

步骤 2：重估 SWOT 各要素的属性状态并重构情报元。根据各关键指标的评价模型重新评估 SW 因素和 OT 因素，剔除不满足指标区间的要素。选取所有达到正向阈值的指标按照 S 要素或 O 要素更新；同理，选取所有达到负向阈值的指标按照 W 要素或 T 要素更新。

步骤 3：将最新的 S、W、O、T 要素及其状态按照 SWOT 知识元的结构存储到情报元库，记为 $E_2 = \{ S_2, W_2, O_2, T_2 \}$。此次评估后 SWOT 态势情报知识由 E_1 转换到 E_2。

步骤 4：描述决策情报元，记为 $E_d = \left\{ c, P, t, B_d, [A_d, R_d] \right\}$，并存储或更新到情

报元库。其中，决策依据 B_d 的特征要素及其状态取自 E_1，决策目标 $A_d = G$，而决策结果 R_d 的特征要素及其状态取自 E_2。

步骤 5：对决策效果进行评估。根据 4.4.1 小节的步骤 1-b 对 A_d 和 R_d 要素进行分析。若未达指标则不记为决策案例知识，跳出分析；否则，重构为决策案例知识（记为 $K_c = \{A_c, B_c\}$，其中，A_c 取自 A_d 的属性特征，B_c 取自 B_d 的属性特征）。

3. 决策知识元的依据属性集修正与决策经验知识更新。

步骤 1：基于决策目标 A_c 进行聚类，收集所有相关的决策案例知识作为证据，记为 $K_c^1 = \{A_1, B_1\}, \cdots, K_c^n = \{A_1, B_n\}$。

步骤 2：构建识别框架 $\theta = B_1 \cup \cdots \cup B_n$，基于知识元多属性融合原理求解结果 B_f。虽然识别框架中融合了 SWOT 的诸多特征要素，但融合后的 B_f 仍按照 SWOT 要素进行分项排列，以便于决策者按照 SO、ST、WO、WT 四象限进行组合特征的战略制定。

步骤 3：基于 B_f 描述更新决策知识元中的决策目标 A_1 与决策依据 B_f 的匹配关系。

以上是根据 SWOT 分析方法进行的基于知识元与情报元综合关系的决策情报融合，决策依据仅选择内部的 S 或 W 要素及外部的 O 或 T 要素的两类特征指标。事实上，更理想的效果是在综合考虑 S、W、O、T 四类要素的基础上进行决策的属性关系融合。虽然因素更为复杂，但根据以上研究思路进行扩展是可行的，但是困难在于很难一次将 SWOT 四方面特征要素的所有情报都收集完整。

综上所述，基于知识元与情报元的决策情报融合方法的优势在于：①克服传统 SWOT 静态分析，避免主观性，且考虑到 SW 以及 OT 要素态势可能互相转化；②根据决策的效果是否达到决策目标，通过决策案例知识的不断积累来修正决策经验知识，使得决策依据的多属性集合趋向于充分必要条件，涵盖所有关键指标；③综合考虑正、负向因素，使得战略决策效果评估更加全面；④融合结果是能够提供给决策者行动导向性决策知识，进一步提升了情报服务的商业价值，在一定程度上解决了竞争情报分析与企业战略决策的关键信息及知识需求不匹配的难题。

参 考 文 献

包昌火，谢新洲，黄英. 2003. 竞争对手跟踪分析[J]. 情报学报，22（2）：194-205.

郭凯. 2010. 企业关系挖掘技术研究[D]. 哈尔滨工业大学硕士学位论文.

化柏林，李广建. 2015. 大数据环境下的多源融合型竞争情报研究[J]. 情报理论与实践，38（4）：
　　1-5.

刘欢. 2006. 竞争情报与企业竞争战略管理[D]. 湘潭大学硕士学位论文.

刘志辉，李辉，李文绚，等. 2017. 基于多维框架的企业竞争威胁测度方法研究[J]. 情报学报，
　　36（7）：654-662.

赵慧娟. 2007. 基于 SWOT 分析的企业智能战略决策方法研究[D]. 北京交通大学硕士学位论文.

第5章　基于知识元的决策知识获取与融合框架

5.1　基于知识元的决策知识模型

5.1.1　决策知识的内涵

从狭义上讲，决策就是决策者在有限时间内利用决策知识对多个备选方案进行判断，并选择出满意的处置方案。决策知识是决策问题科学求解的重要依据，在实践过程中，人们通常容易混淆数据、信息、知识与智慧。数据是对客观事物的数量、属性等状态的客观描述说明，是形成信息、知识和智慧的源泉。数据本身并无任何价值，但对其进行系统组织和整理就变成了信息。知识是通过对信息进行认知和理解形成的，进一步地使用知识解决问题的能力则是人类智慧。如图 5.1 所示，在突发事件应对处置中人们通过专业监测点（观察哨）收集数据，通过整理和组织形成对事件状态描述的情景信息，决策人员利用已经认识的突发事件应对处置知识空间对决策问题进行理解和认知形成了决策知识，而人们利用决策知识选择满意方案解决决策问题则是人类的智慧。

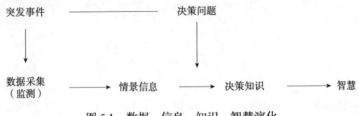

图 5.1　数据、信息、知识、智慧演化

数据、信息、知识与智慧是一个由低级向高级不断提升和转换的认识过程，数据和信息是客观存在的，是对客观世界中事物运动状态和变化的反映。知识和智慧属于主观意识，是人类在实践中认识客观世界的成果，知识依赖于人类，脱离人的意识就只有信息而没有知识。决策知识就是人类认识了客观事物的知识空间与实际决策问题结合形成决策问题的认知结果。如图 5.2 所示，在应急决策中，人们已经认识了的知识空间是在生产实践中总结的经验和知识，存在各种应急预案、应急法律法规、应急案例、研究文献报告和专家经验等载体中，如《国家地震应急预案》《中华人民共和国消防法》《自然灾害与医疗应急反应》等。但这些"死"知识不能直接用于非程序化、不确定的突发事件应急决策，需要依赖人类在突发事件应对中的主观能动性，结合实际问题来"活化"这些已经认识了的知识空间，并借助知识模型进行显性化表达，最终形成应急决策问题求解所需的应急决策知识，以控制和消除突发事件给人类带来的影响和危害。

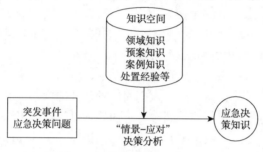

图 5.2　应急决策知识形成机制

一般地，应急决策知识应有效、准确和及时地为突发事件应急决策提供智力支持。有效性是应急决策知识的基本特性，只有有效的知识才能保障应急决策效率。准确性是应急决策知识的首要标准，如果知识不准确，就会导致决策错误而可能引发更严重决策后果。及时性是应急决策知识的关键，突发事件演化瞬息万变，快速地进行应对处置是阻止事件进一步恶化或减少灾害损失和影响的重要手段。然而，突发事件演化过程中表现出复杂不确定性和人类认知客观世界的模糊有限性，使得应急决策知识具备如下特征。

（1）动态性。随着时间不断变化，不同突发事件情景下的决策问题有所差异，如突发事件潜伏期的监测预警决策和突发事件发生期的应急处置决策，这决定了应急决策知识应随着事件演化而具有不同内容。

（2）不确定性。突发事件演化的不确定性和应急决策的紧迫性等因素导致人们在有限时间内对事件认知充满不确定性，这决定了人们描述应急决策知识具有不确定性。

（3）多源性。突发事件应急决策涉及众多学科和领域，需要融合不同学科和不同领域的知识进行综合研判分析，而任何单一个人或组织都不能综合决策知识，需要组织多个决策人员从各自学科领域提供应急决策知识支持决策问题的求解。

（4）复杂性。不同学科和领域决策人员受到专业能力、知识结构和处置经验等的影响，其在提供应急决策知识时可能存在偏好程度差异，或在描述决策知识时测度标准不同等，这些给应急决策知识求解决策问题带来巨大复杂性。

5.1.2　应急决策知识模型构建

应急决策知识模型是对应急决策知识的知识化，是人们对应急决策知识的属性及其关系在主观知识域上的认知。模型构建过程就是人们对客观事物对象的认知过程，是对其概念属性、属性测度及其内部和外部联系的抽象过程，依赖于人们对事物对象已经认识了的知识空间（王延章，2011）。然而，在应急决策组织中不同知识背景和不同处置经验的决策人员可能在关注问题角度或分析视角上存在差异，表征为决策知识模型的属性抽象不同。

在实际问题中，一般来说，决策属性越精细，越利于决策方案选择。但是在复杂不确定性的应急决策中，一方面，人们对问题认知的模糊不确定性使得决策人员难以准确分析决策问题的全部相关因素，进而导致难以构建精细的知识属性；另一方面，若属性过多，不仅意味着要花费更长时间进行知识描述，还可能会给决策人员带来很大压力。同时若属性过少，则可能导致应急决策知识不能满足决策问题求解的难题。因此，构建应急决策知识模型是在知识形式和结构上解决知识模糊不确定性的有效手段，对于及时、准确地描述应急决策知识具有重要意义和价值。

应急决策知识模型的构建实质上是人们对突发事件应急决策问题求解所需的知识进行抽象的过程，如图 5.3 所示，应急决策知识模型确立需要以应急预案、应急案例、领域知识等已经认识了的知识空间为基础，通过人们对决策问题的认知结果，分析应急决策的知识需求，以确定应急决策知识的模型。经过合理性评估分析，若满足应急决策问题求解的知识需求，则确定应急决策知识模型。否则，需要对应急决策问题再次进行认知，直至模型满足决策需求为止。

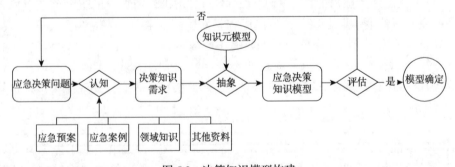

图 5.3　决策知识模型构建

设不同学科和领域的决策人员对突发事件应急决策问题求解所需的知识进行分析后给出应急决策知识模型属性集为 $A_i = [a_{i1}, a_{i2}, \cdots, a_{iN}]$，$i=1,2,\cdots,m$，$A_i$ 表示第 i 个决策人员提供的属性集合，a_{ij} 表示属性集 A_i 中第 j 个属性，$j=1,2,\cdots,N$，N 为正整数。令 $A = \bigcup\limits_{i}^{N} A_i = \{a_1, a_2, \cdots, a_L\}$，表示所有决策人员从各自主观知识域上对问题认知抽象的模型属性的并集，该集合为经过冗余处理后的结果。在此基础上，进一步评估应急决策知识模型并确定最终模型，即从集合 A 中确立合理的属性集 $A^* \subset A$。

采用本书的知识元多属性融合模型，将每个决策人员提供的决策知识的属性视为证据，利用证据理论进行多源证据融合，确定决策知识的属性集，即生成融合后新知识模型。考虑在属性数量较多情况下可能会造成融合时间成本急剧增长，进而影响应急决策的时效性。利用属性的公认度将会是一种比较便捷的属性融合方式，即通过设置阈值从集合中去掉小于阈值的属性，或者根据拟定的属性数量选择公认度排序靠前的属性。一般地，公认度计算方式为

$$\chi_k = \frac{T}{\sum\limits_{k=1}^{L} T_k}$$

其中，χ_k 表示属性 $a_k \in A$ 的公认度；T_k 为属性 a_k 在所有属性集 A_i 中出现的次数。

例如，在地铁火灾突发事件应对处置中，三位不同知识背景和处置经验的决策人员从各自学科领域视角对决策问题认知理解，分析地铁火灾救援方案制定的知识需求，给出决策知识的属性集合 A_1={疏散时间，疏散安全性，疏散成本}，A_2={疏散安全性，事故损失，疏散难易程度}，A_3={疏散安全性，疏散成本，事故损失}。令 $A = A_1 \cup A_2 \cup A_3$={疏散时间，疏散安全性，疏散成本，事故损失，疏散难易程度}，计算每个属性的公认度，选取公认度较大的前三个属性构成应急决策知识模型属性集，即{疏散安全性，疏散成本，事故损失}。

5.2　基于知识的决策知识获取

5.2.1　决策知识获取方式

应急决策知识获取就是依赖人类在突发事件应对中的主观能动性，决策人员结合当前应急决策问题及情景信息，利用个体认知能力"活化"人们已经认识了的应对突发事件的相关知识，如应急预案、应急案例、处置经验等，形成应急决

策知识。该过程实质上就是通过人类认知能力，将突发事件应对知识空间中已经认识了的知识进行融合，形成个体对应急决策问题求解的知识。王延章教授从认知空间提出六层次概念模型，建立了 KBMISA。KBMISA 是面向自然、社会、经济、文化和技术的综合大系统，基于哲学思辨和认知科学理念，从相关的客观事物系统和管理活动系统等知识域出发，细分知识到基本单元，抽取共性、关联性基础知识元，并扩展建立个性及多级多类知识元体系。并遵从现代 ICT 可实现的路径，把人类对客观事物的认知分成六个层次（也定义为六个空间），即基础知识元空间、元数据空间、形式模型空间、算子空间、实体模型空间和数据空间。

依据该思想，本书提出了基于知识的应急决策知识获取机制，如图 5.4 所示。在明确决策问题的基础上，根据突发事件情景及决策目标，参与决策应对的专家组经过初判给出若干处置方案，每个专家根据自身信息研判能力、处置经验及决策魄力，在对相关应急知识（包括不限于应急预案、应急案例、专业知识等）理解和认知的基础上，依据决策知识模型描述其决策知识。

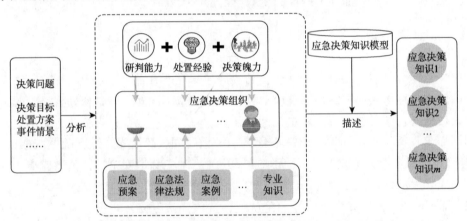

图 5.4 基于知识的应急决策知识获取

从模型管理视角，应急决策知识形成可以看作基于当前实际问题对应急决策知识模型的实例化。在实例化过程中，人们不仅可以选择测度模型，还可以根据自身能力确定合适的测度量纲。但是知识元的属性取值必须满足相应属性知识元的限定（仲秋雁等，2012），即属性的可测特征、测度量纲及变化规律等。基于知识的应急决策知识获取优势在于其不仅对知识组织和管理提供工具，能够向决策人员及时地提供应急决策知识，同时还能保证应急决策知识的有效性，避免了占用宝贵决策时间提供无价值的知识。

例如，面对应急决策处置，需要从备选处置方案 $X = \left\{ x_1, x_2, \cdots, x_q \right\}$ 中根据决

策属性 $A = \{a_1, a_2, \cdots, a_n\}$ 选择满意的方案应对决策问题，应急决策主体 $E = \{e_1, e_2, \cdots, e_m\}$ 在已有的突发事件应对知识（包括应急预案、应急案例、应急法规等）理解的基础上，结合自身能力（包括信息研判、处置经验和决策魄力）选择合适测度实例化应急决策知识模型，形成应急决策知识，如表 5.1 所示，v_{kj}^i 为决策人员 e_i 描述 x_k 的属性 a_j 取值，$i = 1, 2, \cdots, m$，$k = 1, 2, \cdots, q$，$j = 1, 2, \cdots, n$。

表 5.1　应急决策知识融合集

V	e_1			$\cdots$	e_m		
	a_1	$\cdots$	a_n	$\cdots$	a_1	$\cdots$	a_n
x_1	v_{11}^1	$\cdots$	v_{1n}^1		v_{11}^m	$\cdots$	v_{1n}^m
x_2	v_{21}^1	$\cdots$	v_{2n}^1		v_{21}^m	$\cdots$	v_{2n}^m
$\vdots$	$\vdots$	$\vdots$	$\vdots$	$\cdots$	$\vdots$	$\vdots$	$\vdots$
x_q	v_{q1}^1	$\cdots$	v_{qn}^1		v_{q1}^m	$\cdots$	v_{qn}^m

5.2.2　决策知识获取的不确定性

不确定性是突发事件区别于常规事件的最基本特征，突发事件在发生原因、发展过程及造成后果与影响等方面所展现出的不确定性给应急决策带来模糊不确定性。从系统工程视角，突发事件应急决策是一类应急状态下由决策主体、决策客体和决策环境构成的复杂系统决策问题。决策知识是解决复杂决策问题的关键，但是突发事件应急决策问题的复杂性和不确定性导致决策知识获取具有不确定性。这种不确定性来源于以下几个方面。

第一，突发事件情景信息的不确定性。情景是决策专家提供应急决策知识的重要依据，突发事件情景是一个涉及自然、生态、社会和心理等要素的复杂系统，人们对情景的变化状态及其出现的可能性和危害程度等缺乏足够的了解和认识，无法进行全面准确的分析，导致支持决策的情景信息无法准确获取，进而造成专家在描述决策知识时充满模糊性、不确定性。

第二，应急知识的不完备性。应急知识是在突发事件应急管理实践中所获得的描述客观事物的概念和规律、决策者认知、经验及相关法律和技术规范的综合，这些知识以应急预案、法律法规、案例总结及各种专业知识的形式记录下来，是决策主体在复杂不确定环境下提供决策知识的基础。然而，由于人类认识能力的局限性，尤其是在非常规突发事件应急处置中，人们难以全面地分析事件情景的态势与演化规律，从而无法通过精准分析和研判获得准确的决策知识。

第三，决策主体认知模糊性。专家是决策知识的重要提供者，其认知能力决定了该决策知识的可靠性。在应急决策中，影响决策人员认知的关键是其信息研判能力、处置经验和决策魄力。面对复杂不确定突发事件，决策人员在时间、心理上的巨大压力，往往会造成其认知和判断存在主观性、片面性、犹豫性，进而给决策知识表达带来模糊性、不确定性。

5.2.3 不确定决策知识测度

面对复杂应急决策问题，决策人员通常很难用精确数值描述应急决策知识的属性取值，更倾向选择模糊不确定性测度模型进行知识描述，这不仅有利于应急决策知识的准确描述，更有助于快速获取决策知识，进而提高应急决策效率。模糊语言是描述不确定性信息的重要工具，因其更接近人类的认知过程，能够反映人们对事物认知的模糊不确定性而受到众多学者的关注。近年来，基于模糊语言及其拓展形式的模糊不确定性信息处理方法不仅在理论上取得了丰富成果，同时还为实际应用中模糊不确定性问题处理提供了理论支持。

定义 5.1 设 $T = \left(t_0, t_1, \cdots, t_g\right)$ 是一个由奇数个语言变量组成的有限集合，若变量 t_i 满足以下条件：

（1）有序性，若 $i > j$，则 $t_i > t_j$；

（2）存在最大化算子，若 $i > j$，则 $\max\left(t_i, t_j\right) = t_i$；

（3）存在最小化算子，若 $i > j$，则 $\min\left(t_i, t_j\right) = t_j$；

（4）存在可逆算子，$\operatorname{Neg}\left(t_i\right) = t_j$，$j = g - i$。

则称集合 T 是粒度 $g + 1$ 的模糊语言集（Herrera and Herrera-Viedma，2000）。

模糊语言为模糊不确定性应急决策知识描述提供了有效工具，但是面对复杂应急决策问题，应急决策组织中不同学科和不同领域人员的文化背景、知识结构和经验水平的不同，通常会导致他们对突发事件应急决策问题的认知能力有差异，表现为描述知识的精细度不同。例如，对应急决策问题认知能力较强人员能够更精确地描述决策问题求解所需的知识，反之认知能力较差人员只能提供较为模糊的知识。这就给模糊不确定性测度模型的选择带来巨大挑战，若测度模型粒度选择过大，对于认知能力较差人员的知识描述具有较大压力；若测度模型粒度选择过小，则会对认知强人员描述知识的精确性带来损失。

例如，面对决策问题，不同决策专家提供决策知识时会根据自身知识和经验选用不同模糊语言集合，如 $T_5 = \{t_0^5$ 很差，t_1^5 差，t_2^5 中等，t_3^5 好，t_4^5 很好$\}$ 和 $T_7 = \{t_0^7$ 非常差，t_1^7 很差，t_2^7 差，t_3^7 中等，t_4^7 好，t_5^7 很好，t_6^7 非常好$\}$。

令 $\left\{T_3, T_5, \cdots, T_g, \cdots\right\}$ 表示一组模糊语言集，粒度越大，模糊语言描述的信息越

精细，所表达的知识模糊不确定性程度越低。相反地，粒度越小，其描述的信息越模糊，不确定性程度越高。由此可见，模糊语言的粒度在一定程度上决定了其所表达信息的模糊不确定性程度。在实际问题中，如果决策人员对决策问题求解拥有丰富的知识和经验，能够提供较为精确的应急决策知识，则选择一个粒度较大模糊语言集描述模糊不确定性应急决策知识是必然的；相反地，若受领域和经验等因素限制难以提供较为精确的决策知识，则选择一个粒度较小的模糊语言描述模糊不确定性决策知识是一个合乎常理的决策。

为了解决模糊语言在计算中容易造成信息损失而影响计算精度的问题，二元语义模型 $\left(t_i^{g+1}, a_i\right)$ 被用于测度模糊不确定性信息，其中，$t_i^{g+1} \in T_{g+1}$ 是模糊语言集 T_{g+1} 中的变量，$a_i \in [-0.5, 0.5)$ 表示实际结果与模糊语言变量的距离或偏差，称为符号转移值（Herrera and Martínez，2000）。凭借在模糊不确定性描述及其相应计算上的优势，二元语义模型逐渐成为模糊不确定性研究与应用的热点。定义如下。

定义 5.2　设 T_{g+1} 表示粒度 $g+1$ 的模糊语言集，令 $\beta \in [0, g]$ 表示集合 T_{g+1} 变量运算后的结果，则称二元组 $\left(t_i^{g+1}, a_i\right)$ 为二元语义变量，其与 β 间对应关系通过函数 Δ 构建：

$$\begin{cases} \Delta : [0, g] \to T_{g+1} \times [-0.5, 0.5) \\ \Delta(\beta) = \left(t_i^{g+1}, a_i\right), i = \mathrm{round}(\beta), a_i = \beta - i \end{cases}$$

其中，$\mathrm{round}(\cdot)$ 表示四舍五入算子；t_i^{g+1} 为模糊语言集 T_{g+1} 中最接近 β 的语言变量。

定义 5.3　设 $a = \left(t_i^{g+1}, a_i\right)$ 为一个二元语义变量，$t_i^{g+1} \in T_{g+1}$，$a_i \in [-0.5, 0.5)$，则存在逆运算 Δ^{-1} 将二元语义变量 a 转换为对应的实数 $\beta \in [0, g]$，函数定义为

$$\begin{cases} \Delta^{-1} : T_{g+1} \times [-0.5, 0.5) \to [0, g] \\ \Delta^{-1}\left(t_i^{g+1}, a_i\right) = i + a_i = \beta \end{cases}$$

值得注意的是，在应急决策知识描述时，使用模糊语言集测度模糊不确定性应急决策知识意味属性取值属于某一模糊语言变量的隶属度为 1，即没有任何否定或犹豫。但是面对情景信息极其缺乏的应急决策问题，如突发事件前期的应急决策阶段，决策人员在使用模糊语言描述模糊不确定性知识时可能会有否定或犹豫，即很难 100%肯定属性取值是"很好"，通常在用"很好"描述属性值时会具有一些否定或者犹豫。

直觉模糊语言能从隶属度、非隶属度及不确定度或犹豫度三个维度描述知识的模糊不确定性，其不仅描述了知识的模糊不确定性，还刻画了决策人员在描述

知识时的信心水平和犹豫程度。定义如下。

定义 5.4　设 $X=\left\{x_i\big|i=1,2,\cdots,n\right\}$ 是一个非空集合，称

$$H=\left\{\left\langle x,t_k\left(\mu_H(x),v_H(x)\right)\right\rangle\Big|x\in X\right\}$$

为直觉模糊语言集，其中，$\mu_H(x)$ 和 $v_H(x)$ 分别表示 X 中元素 x 属于 $t_k\left(t_k\in T_{g+1}\right)$ 的隶属度和非隶属度，满足 $\mu_H(x)\in[0,1]$，$v_H(x)\in[0,1]$，$\mu_H(x)+v_H(x)\in[0,1]$（王坚强和李寒波，2010）。

为了方便描述，称 $\left\langle t_k\left(\mu_H(x),v_H(x)\right)\right\rangle$ 为直觉模糊语言数，令 $\pi_H(x)=1-\mu_H(x)-v_H(x)$ 为直觉模糊语言数的犹豫度或不确定度。特别地，当 $\mu_H(x)=1$，$v_H(x)=0$ 时，直觉模糊语言数退化为传统模糊语言。显然直觉模糊语言数能够比传统模糊语言更细致地刻画人们在不确定环境下的决策知识。

例如，在决策知识描述过程中，决策人员对问题对象认知模糊情形下使用模糊语言描述决策知识时存在一定犹豫。直觉模糊语言为这种模糊不确定性知识描述提供了可行处理方法，如决策专家提供的决策知识某一属性值为 $\left\langle t_3^5,(0.6,0.2)\right\rangle$，这表示该属性值"好"的隶属度为 0.6，非隶属度为 0.2，犹豫不确定度为 0.2。

5.3　决策知识融合框架与关键技术

决策的终极目标是充分利用人类智慧选择科学的应对处置方案解决人们在政治、经济、技术中存在的问题，决策知识是问题求解的重要参考依据，因此，决策知识的准确性、及时性和有效性是影响应急决策的关键。例如，在应急管理中，应急决策涉及的学科和领域众多，知识繁杂，受限于突发事件演化的复杂不确定性和人类思维的有限性，为了避免因个体知识缺乏或认知不全面造成错误决策，需要将不同学科和不同领域的应急专家的知识、经验、智慧及判断能力等整合成集体智慧才能创造性地解决此类复杂决策问题。为此，本书构建了面向应急决策的决策知识融合框架，如图 5.5 所示。该框架包含两个阶段，第一阶段是个体决策知识获取，即专家根据自身经验、智慧等形成对决策问题的认知结果。通常个体决策知识绝大多数属于高度个性化且难以形式化描述的隐性知识，且参与应急决策的不同学科或不同领域专家的知识结构和背景也可能导致个体决策知识表达存在歧义，因此需要借助决策知识模型针对性地描述个体决策知识，最大限度地提供满足决策需求的知识。第二阶段是将获取的单独、散乱的个体知识融合

成综合决策知识，为决策问题求解提供集聚群体智慧的综合知识支持。

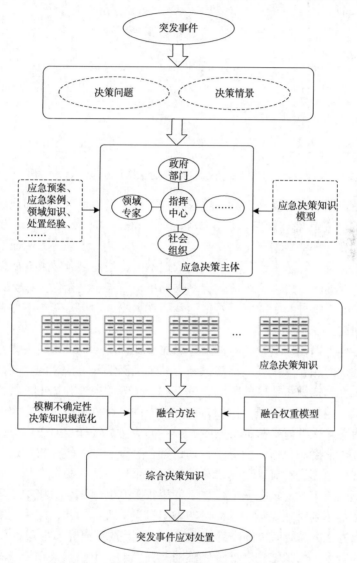

图 5.5 模糊不确定性决策知识融合框架

应急决策知识融合本质上是按照既定的准则，对不同知识进行综合处理，获得问题求解所需的综合知识。若将每个来源的应急决策知识看作一维知识空间，那么知识融合的本质是将不同来源知识构建的高维空间映射到一个一维空间，即将获取的不同来源应急决策知识通过融合方法与技术形成集聚群体智慧的综合决策知识，如图 5.6 所示。

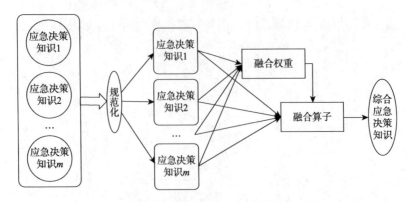

图 5.6　决策知识融合关键技术

算子是知识融合的重要工具，随着技术发展，模糊不确定性知识融合算子取得了丰富的研究成果。例如，加权平均算子、有序加权平均算子、几何平均算子、有序加权几何平均算子和 power 集成算子等被广泛应用于处理信息融合问题。事实上，每个算子由于其数学理论依据不同，往往融合结果有所偏差。如果不能合理选择算子，可能会造成融合结果的不科学甚至是错误。人类认知模糊通常难以准确分析哪种算子能够很好地诠释客观事物，而这直接影响融合结果的准确性和合理性。

知识融合可以在一定程度上提高应急决策知识的可信度，其关键在于融合方法的科学性，而融合权重是影响知识融合结果准确性和可信度的重要参数。权重是对决策属性和知识重要度的刻画，越有利于决策的属性和知识，其在知识融合过程中应赋予越高的权重值。例如，在突发事件应对决策中，从主观直觉上可以初步判定有着多次处置经验的决策专家提供的应急决策知识对于应对处置方案决策具有较高可信度和价值，则应该在知识融合过程中赋予较高权重值。此外，从应急决策知识角度进行客观分析，显然知识越精确，说明决策人员对问题的认知越准确，则在决策中应占据重要位置。如果权重判断错误，直接结果是知识融合结果准确性得不到有效保障，进而可能做出错误决策。因此，准确判断融合权重是知识融合方法中需要解决的关键技术之一，也是决策研究的难点。

受学科背景、知识结构和处置经验的差异影响，不同学科和领域的决策人员对决策问题的认知能力不同，描述应急决策知识的精确性也存在一定差异。例如，经验丰富的人员对问题理解更透彻，描述的应急决策知识更为精确；相反地，知识水平不足和经验欠缺的决策人员提供的知识模糊不确定性程度则会高一些。为了保证应急决策知识描述的准确性，决策人员可以根据自身能力选用不同粒度的模糊不确定性测度模型进行知识描述，结果就是获取的应急决策知识呈现出多测度特征。由此可见，应急决策知识规范化处理是知识融合前的关键步骤，旨在通过明确标准测度模型和建立的不同测度模型间转换关系实现应急决策知识规范处理，为后续知识融合提供基础。

　　然而，由于突发事件的复杂性和人类思维的局限性，人们在突发事件应对处置中对事件认知的清晰度会随着时间不断增强，如图 5.7（a）所示。人们描述应急决策知识的模糊不确定性程度则随着认知增强而降低，如图 5.7（b）所示。换言之，就是人们在开始应对处置突发事件时对问题认知清晰度较差，在提供应急决策知识或者描述知识属性取值时可能存在犹豫或信心不足现象。随着人们对突发事件认知加深，在突发事件后期应对处置过程中提供的应急决策知识或描述知识的属性取值信心更足，甚至能够进行更精确的刻画。当前，关于模糊不确定性测度理论研究为突发事件应对处置过程中不同程度的模糊不确定性应急决策知识描述提供了有效工具。例如，能够描述犹豫程度的直觉模糊语言模型和能够更为精确刻画模糊不确定性的二元语义模型等。

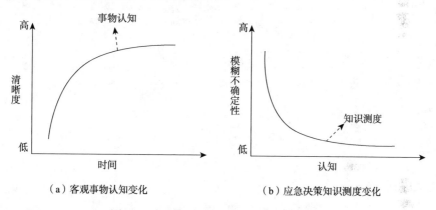

（a）客观事物认知变化　　　　　（b）应急决策知识测度变化

图 5.7　客观事物认知和知识测度变化趋势

　　随着人们在突发事件应对处置中对问题认知的不断增强，描述应急决策知识的模糊不确定性程度逐渐降低。接下来围绕具有不同模糊不确定性的应急决策知识融合方法展开研究，为突发事件应急处置提供决策支持。

参 考 文 献

王坚强，李寒波. 2010. 基于直觉语言集结算子的多准则决策方法[J]. 控制与决策, 25（10）：1571-1574.

王延章. 2011. 模型管理的知识及其表示方法[J]. 系统工程学报, 26（6）：850-856.

仲秋雁，郭艳敏，王宁. 2012. 基于知识元的情景生成中承灾体实体化约束模型[J]. 系统工程,

30（5）：75-80.

Herrera F，Herrera-Viedma E. 2000. Linguistic decision analysis：steps for solving decision problems under linguistic information[J]. Fuzzy Sets and Systems，115（1）：67-82.

Herrera F，Martínez L. 2000. A 2-tuple fuzzy linguistic representation model for computing with words[J]. IEEE Transactions on Fuzzy Systems，8（6）：746-752.

第6章 具有模糊不确定性的决策知识融合方法

6.1 基于多粒度模糊语言的决策知识融合方法

6.1.1 问题描述

在突发事件应急决策等复杂不确定决策问题中，由于决策问题固有的复杂性、不确定性和人类思维局限性，人们难以使用诸如精确数等精确定量描述决策知识，而选择模糊语言进行定性描述具有模糊不确定的决策知识更符合人类认知，也给人们知识表达提供了灵活性。例如，面对复杂不确定较高的突发事件应急决策问题，人们在描述应急决策知识过程中难以用准确数值进行属性精确刻画，但是可以用模糊语言"非常好""很差"等对属性取值进行模糊不确定性描述。相比直觉模糊语言，模糊语言可以看作隶属度为 1 的模糊不确定性测度方法，是一种适合没有犹豫的模糊不确定性信息描述方式。然而，随着人们对决策问题的认知加深，具有不同知识和智慧的专家或决策人员处理问题能力的差异性也凸显出来。在时间紧张或信息不确定性严重的情形下，若一味追求高精度决策知识支持应对方案的，不仅会给决策人员带来巨大压力而影响知识准确性，同时还可能造成决策时间过长而错失最佳应对时机。因此，需要能够满足不同能力决策人员准确表达知识的灵活性的模糊不确定性描述方法。

多粒度模糊语言是一组具有不同粒度模糊语言集的组合，模糊语言的粒度越大刻画的信息越精细，而选用粒度较小的模糊语言刻画的信息模糊性较高（Morente-Molinera et al., 2015）。面对突发事件应对处置问题，具有丰富知识和经验的人们在"活化"应急预案、应急案例等知识形成当前问题求解的应急决策知识时，对问题的理解和分析更透彻，能够较为精确地描述知识属性取值，故可以选择粒度较大的模糊语言集进行应急决策知识的表达。相反地，知识和经验相对缺乏的人们对问题认知模糊不确定性较高，故可选用粒度较小的模糊语言对应急决策知识的属性进行刻画。因此，多粒度模糊语言为突发事件应对处置中不同能力和经验的人们准确地描述应急决策知识带来了灵活性，保证了在时间紧张情况下知识及时、准确和有效地支持应对处置决策问题。

此外，随着突发事件情景信息的积累和人们对事件认知的提升，除了描述应急决策知识的模糊不确定性程度降低，人们也能从多个属性维度对应急决策知识进行更详细的表达。例如，地铁火灾事故发生后，人们在提供火灾救援应对方案选择需要的应急决策知识时，随着对事件演化规律认知模糊不确定性程度的降低，能够分别从救援安全性、疏散时效性等多个属性视角进行应急决策知识描述。一般地，决策问题描述如下：不同学科和领域的决策人员 $E = \{e_i | i = 1, 2, \cdots, m\}$，考虑知识属性 $A = \{a_j | j = 1, 2, \cdots, n\}$，对备选处置措施 $X = \{x_k | k = 1, 2, \cdots, q\}$ 进行研判分析，并结合自能力和知识选用合适粒度模糊语言进行描述形成应急决策知识 $V = \left[v_{kj}^i \right]$，$k = 1, 2, \cdots, q$，$i = 1, 2, \cdots, m$，$j = 1, 2, \cdots, n$，其中 v_{kj}^i 表示决策人员 e_i 考虑属性 a_j 对处置措施 x_k 的评估值。在知识描述中，专家根据自身能力和智慧选用模糊语言集。

现有相关研究成果为不同粒度模糊语言描述的应急决策知识规范化处理奠定了基础（Herrera et al., 2000；Chen and Ben-Arieh, 2006；Wen et al., 2016），进一步地，融合应急决策知识形成综合决策知识过程中，需要先根据知识属性将应急决策知识融合形成不同学科和领域的个体决策知识，然后使用融合方法将个体决策知识融合形成综合决策知识，为突发事件应对处置措施选择提供知识依据。权重是影响知识融合结果的重要参数，准确分析融合过程中的权重信息是应急决策知识融合方法中的关键，也是突发事件应急决策研究的重点问题之一，如知识属性的重要度以及不同学科和领域专家提供的应急决策知识在决策中的重要性。

6.1.2 基于语义距离熵的融合权重分析方法

1. 语义距离熵

数据是知识的载体，通过数据挖掘可以客观地获取蕴含于知识中的重要信息。基于主观评判的权重分析方法，如主观赋权法和集成主观权重的综合赋权法，不能满足应急决策知识融合问题的原因在于事件复杂不确定性和人类知识有限性给决策人员主观评判带来模糊不确定性。基于数据分析思想的客观权重方法能够避免主观认知不确定性给权重分析带来的错误，同时还有助于减轻决策人员压力。

　　熵是系统无序程度的一个度量，信息熵越小，其提供的信息量越大，则其在问题分析中越重要。基于上述思想，管清云等（2015）将距离空间和熵理论相结合提出距离熵方法，用于解决精确数值描述的决策知识融合权重问题。本书在已有研究基础上，提出了语义距离熵概念，描述如下。

　　定义 6.1　设 $g_j(i) = \left\{v_{1j}^i, v_{2j}^i, \cdots, v_{qj}^i\right\}$ 和 $g_j(i') = \left\{v_{1j}^{i'}, v_{2j}^{i'}, \cdots, v_{qj}^{i'}\right\}$ 表示两个标准模糊语言集描述的序列，其中 v_{kj}^i 和 $v_{kj}^{i'}$ 取值分别记为 $a^{ikj} = \left(a_0^{ikj}, a_1^{ikj}, \cdots, a_{b-1}^{ikj}\right)$ 和 $a^{i'kj} = \left(a_0^{i'kj}, a_1^{i'kj}, \cdots, a_{b-1}^{i'kj}\right)$，则 $g_j^{(i)}$ 和 $g_j^{(i')}$ 的语义距离熵定义为

$$E_{ii'} = \sum_{k=1}^{q} \frac{d_{ii'}(k)}{\sum_{k=1}^{q} d_{ii'}(k)} \ln \frac{d_{ii'}(k)}{\sum_{k=1}^{q} d_{ii'}(k)}$$

其中，$d_{ii'}(k)$ 表示 $g_j^{(i)}$ 和 $g_j^{(i')}$ 的第 k 个属性值的语义距离，定义为

$$d_{ii'}(k) = \frac{1}{b} \left| \frac{\sum_{k=0}^{b-1} k\alpha_k^{ikj}}{\sum_{k=0}^{b-1} \alpha_k^{ikj}} - \frac{\sum_{k=0}^{b-1} k\beta_k^{ikj}}{\sum_{k=0}^{b-1} \beta_k^{ikj}} \right|$$

2. 基于语义距离熵的属性权重

　　语义距离熵是一种通过序列值的变异性来衡量序列间接近度的方法。为了避免因测度差异影响分析结果，需要在知识融合前进行应急决策知识的规范化处理。知识测度规范化是指将不同粒度模糊语言描述的应急知识转换为标准模糊测度模型描述的规范化形式。为此，Herrera 等（2000）首次提出了不同测度量纲的模糊变量转化方法，Chen 和 Ben-Arieh（2006）进一步完善上述方法提出了一种基于覆盖度的转化方法，实现了不同粒度模糊语言的相互转换，但是计算过程较为复杂。Wen 等（2016）则通过建立模糊语言与[0,1]区间上实数的映射，给出了一种不同粒度模糊语言转换方法。通过分析上述研究可以发现，知识测度规范化最重要的是先确定标准模糊语言集，记为 T_b。参考 Herrera 等（2000）提出的标准集确定思路，若描述应急决策知识的模糊语言集最大粒度为 7，则选用粒度为 9 的模糊语言集作为 T_b；若模糊语言集最大粒度为 9，则选用粒度为 11 的模糊语言集作为 T_b。换句话说，标准模糊语言集的粒度应比描述应急知识的模糊语言集的粒度大一些，但标准测度模糊语言集的最大粒度以不超过 13 为好，因为粒度再大可能超出人类认知水平而不利于知识的理解。

设 $T_b = \left\{ t_0^b, t_1^b, \cdots, t_{b-1}^b \right\}$ 为确定的标准模糊语言集，对于 $t_i^{s+1} \in T_{s+1}$，$s+1 < b$，则 t_i^{s+1} 可通过如下转换算子 f_d 转换为标准集描述的规范化形式（Herrera et al., 2000）：

$$f_d\left(t_i^{s+1}\right) = \left(\alpha_0 t_0^b, \alpha_1 t_1^b, \cdots, \alpha_{b-1} t_{b-1}^b\right), t_i^{s+1} \in T_{s+1}$$

其中，$\alpha_j = \max\limits_{y} \min\limits_{x} \left\{ \mu_i^{s+1}(x), \mu_j^b(y) \right\}$，表示 t_i^{s+1} 隶属于 T_b 的第 j 个变量 t_j^b 的隶属度，$j = 0,1,2,\cdots,b-1$，$\mu_i^{s+1}(x)$ 和 $\mu_j^b(y)$ 分别表示 t_i^{s+1} 和 t_j^b 的隶属函数，用梯形模糊数描述为

$$\mu_i^{s+1} = \left(\max\left\{ \frac{2i-1}{2i+1}, 0 \right\}, \frac{2i}{2s+1}, \frac{2i+1}{2s+1}, \min\left\{ \frac{2i+2}{2s+1}, 1 \right\} \right)$$

$$\mu_j^b = \left(\max\left\{ \frac{2j-1}{2b-1}, 0 \right\}, \frac{2j}{2b-1}, \frac{2j+1}{2b-1}, \min\left\{ \frac{2i+2}{2b-1}, 1 \right\} \right)$$

根据上述方法，不同粒度模糊语言描述的应急决策知识 V 可以规范化为标准形式 $\tilde{V} = \left[\tilde{v}_{kj}^i \right]$，$i = 1,2,\cdots,m$，$k = 1,2,\cdots,q$，$j = 1,2,\cdots,n$，其中，$\tilde{v}_{kj}^i = \left\{ \alpha_l t_l^b \mid l = 0,1,2,\cdots,b-1 \right\}$，为方便计算，简化为 $\alpha^{ikj} = \left(\alpha_0^{ikj}, \alpha_1^{ikj}, \cdots, \alpha_{b-1}^{ikj} \right)$，$\alpha_l^{ikj}$ 表示属于 t_l^b 的隶属度。

由熵的极值性可知，语义距离熵越大，序列越接近。假设存在一个理想序列，若待分析序列与理想序列的语义距离熵值越大，表明该序列与理想序列越接近，则其重要性越大。若将应急决策人员对不同应急方案的某一属性评估看作一个知识序列，则可通过计算该属性的知识序列与理想序列的语义距离熵来刻画该属性在决策中的重要程度。

令 $v^i = \left\{ v_1^i, v_2^i, \cdots, v_n^i \right\}$ 表示决策人员 e_i 认为应对方案应达到的理想处置结果，其中 $v_j^i = \max\left\{ v_{1j}^i, v_{2j}^i, \cdots, v_{qj}^i \right\}$，$j = 1,2,\cdots,n$。那么对于属性 a_j，不同应对方案的属性值构成的序列与理想序列 $g_j(i^*) = \left\{ v_j^i, v_j^i, \cdots, v_j^i \right\}_q$ 的语义距离熵通过定义 6.1 计算，记为 E_j^i，通过归一化处理得 $\varepsilon_j^i = \frac{1}{\ln n} E_j^i$。

那么，属性权重可计算为

$$w_j^i = \frac{1 - \varepsilon_j^i}{n - \sum\limits_{j=1}^{n} \varepsilon_j^i}$$

显然，$0 \leqslant w_j^i \leqslant 1$，$\sum\limits_{j=1}^{n} w_j^i = 1$，$j = 1,2,\cdots,n$，$i = 1,2,\cdots,m$。

3. 考虑知识测度差异的知识重要度分析

对于不同决策人员提供的应急决策知识重要度，即决策人员权重，应该根据知识在决策中的价值进行客观评判。作为突发事件应对处置的知识基础，综合决策知识应最大限度地融合不同学科或领域提供的决策知识并达到稳态，即一致性（闫书丽等，2014；Chen and Yang，2011）。

定义 6.2　设个体决策知识均值为 $I_* = \{I_{*1}, I_{*2}, \cdots, I_{*q}\}$，则个体决策知识 I_k 与个体决策知识均值的接近度为

$$\widehat{E}_k = -\sum_{\theta=1}^{q} \frac{d_k(\theta)}{\sum\limits_{\theta=1}^{q} d_k(\theta)} \ln \frac{d_k(\theta)}{\sum\limits_{\theta=1}^{q} d_k(\theta)}, \ k=1,2,\cdots,m$$

其中，$d_k(\theta) = \sqrt{\left(I_{k\theta} - I_{*\theta}\right)^2}$，$I_{*\theta} = \dfrac{1}{m}\sum\limits_{k=1}^{m} I_{k\theta}$，$\theta = 1,2,\cdots,q$。

若个体决策知识与个体决策知识均值间的接近度最小时达到稳态，则以加权的个体决策知识与个体决策知识均值间的接近度为目标建立优化模型：

$$M : \min D = \sum_{k=1}^{m} \left(w_k \widehat{E}_k\right)^2$$

$$\text{s.t.} \begin{cases} \sum\limits_{k=1}^{m} w_k = 1 \\ \eta^L \leqslant w_k \leqslant \eta^R \\ k = 1,2,\cdots,m \end{cases}$$

其中，$\eta^L \leqslant w_k \leqslant \eta^R$ 确保融合得到的综合决策知识能够体现不同学科或领域决策人员的知识，同时能够避免因部分权重过大出现"独权现象"（张磊和王延章，2017）。η^L 和 η^R 分别表示权重的下确界和上确界，建议取值范围为 $\eta^L \in \left(0, \dfrac{1}{m}\right]$，$\eta^R \in \left[\dfrac{1}{m}, 1\right)$。

在实际中，只有当决策人员具有丰富的知识和经验或者对决策问题的熟悉程度较高时才能提供十分精确的知识。反过来，知识精度越高说明提供该知识的决策人员知识和经验越丰富。因此，知识精度可以在一定程度上反映决策人员解决问题的能力水平，即知识精度越高，该知识在决策中越重要。在应急决策中，不同粒度模糊语言测度模型为模糊不确定性应急决策知识描述提供了灵活工具，粒度是对精度的一种刻画，即模糊语言的粒度越大，其描述的知识精度越高。因此，面对复杂应急决策，我们可以合理假设：若决策人员 e_k 比 e_l 使用粒度更大的

模糊语言描述应急决策知识，表示 e_k 掌握的相关知识和经验更丰富，其提供了更细粒度描述的知识，该知识在决策中的重要度更大，因此，应当赋予较大的权重值。综上，从知识的本原性出发，通过探索模糊语言粒度与知识重要度间的潜在关联性，将模型 M 进行优化，可得

$$M^* : \min D = \sum_{k=1}^{m} \left(w_k \widehat{E}_k \right)^2$$

$$\text{s.t.} \begin{cases} \sum_{k=1}^{m} w_k = 1 \\ \eta^L \leqslant w_k \leqslant \eta^R \\ w_k > w_o, \text{if } s > s' \\ k = 1, 2, \cdots, m \end{cases}$$

其中，s 和 s' 分别表示专家 e_k 和 e_o 描述决策知识时选用的模糊语言的粒度值，如果 $s > s'$，则 $w_k > w_o$。特别需要注意的是 $s = s'$ 不能断定 $w_k = w_o$。

根据各约束条件的实际意义可知该模型存在可行解且有界，显然上述模型有解。通过求解可得不同专家提供知识的重要度 $W = (w_1, w_2, \cdots, w_m)$。

6.1.3 考虑知识测度差异的决策知识融合方法

在决策知识融合过程中，第一阶段需要先围绕知识属性将决策知识融合形成个体决策知识，第二阶段结合个体知识重要度将个体决策知识融合形成综合决策知识，如图 6.1 所示。

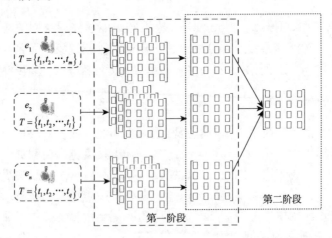

图 6.1　基于多粒度模糊语言的决策知识融合框架

第一阶段是将应急决策知识融合形成个体决策知识。首先将应急决策知识进

行规范化处理，然后基于语义距离熵进行属性权重计算，确定每个决策人员面对突发事件进行应对处置的属性权重，最后使用集成算子 $\varphi(\bullet)$ 将规范化的应急决策知识融合得到个体决策知识 I_i，$i=1,2,\cdots,m$。设基于语义距离熵确定的属性权重为 $W_C^i = \left(w_1^i, w_2^i, \cdots, w_m^i \right)$，则使用集成算子 $\varphi(\bullet)$ 将规范化应急决策知识融合得到个体决策知识：

$$I_i = \varphi\left(\sum_{j=1}^{n} \left(\tilde{g}_j \otimes W_C^i \right) \right)$$

$$= \varphi\left(\left\{ \sum_{j=1}^{n} \tilde{v}_{1j}^i w_j^i, \sum_{j=1}^{n} \tilde{v}_{2j}^i w_j^i, \cdots, \sum_{j=1}^{n} \tilde{v}_{qj}^i w_j^i \right\} \right)$$

$$= \left\{ \varphi\left(\sum_{j=1}^{n} \tilde{v}_{1j}^i w_j^i \right), \varphi\left(\sum_{j=1}^{n} \tilde{v}_{2j}^i w_j^i \right), \cdots, \varphi\left(\sum_{j=1}^{n} \tilde{v}_{qj}^i w_j^i \right) \right\}$$

其中，

$$\sum_{j=1}^{n} \tilde{v}_{kj}^i w_j^i = \left\{ \sum_{j=1}^{n} w_j^i \alpha_0^{ikj}, \sum_{j=1}^{n} w_j^i \alpha_1^{ikj}, \cdots, \sum_{j=1}^{n} w_j^i \alpha_{b-1}^{ikj} \right\}, \quad k=1,2,\cdots,q$$

$$\varphi\left(\sum_{j=1}^{n} \tilde{v}_{kj}^i w_j^i \right) = \sum_{h=0}^{b-1} \left(h \sum_{j=1}^{n} w_j^i \alpha_h^{ikj} \right) \bigg/ \sum_{h=0}^{b-1} \sum_{j=1}^{n} w_j^i \alpha_h^{ikj}, \quad k=1,2,\cdots,q$$

第二阶段是将个体决策知识融合形成综合决策知识。考虑知识测度差异构建优化模型，确定不同应急决策知识的重要度 $W = \left(w_1, w_2, \cdots, w_m \right)$，结合算子 $\psi(\bullet)$ 将个体决策知识融合形成综合决策知识：

$$C = \psi\left(I_1, I_2, \cdots, I_m \right) = \sum_{k=1}^{m} w_k I_k = \left\{ \sum_{k=1}^{m} w_k I_{k1}, \sum_{k=1}^{m} w_k I_{k2}, \cdots, \sum_{k=1}^{m} w_k I_{kq} \right\}$$

其中，$\psi(\bullet)$ 为加权平均集结算子，w_k 表示决策人员 e_k 提供的决策知识的重要度，$k=1,2,\cdots,m$。

6.1.4　算例分析

地铁火灾是地铁突发事件中发生率较高且危害极大的一类事故，随着社会经济的不断发展，地铁已逐渐成为城市发展的重点建设内容。地铁客流量大、人员过度集中，一旦发生地铁火灾突发事件，很容易给人们生命财产安全和社会安全造成极其恶劣的影响。因此，科学地应对地铁突发事件已成为维护地铁运营和保护人们财产刻不容缓的任务。地铁火灾事件发生后，快速进行人员疏散是减少事故损失和影响的关键。由于地下空间有限，氧气供养不足很容易造成燃烧不充分产生浓烟和有毒气体，同时起火存在电源切断、通风系统失效及通信中断等风险，给人员的疏散带来很大不确定性。因此，必须综合不同学科和领域决策知识制定合理的应对处置方案进行人员疏散，最大限度地保证人员生命安全。

本节实例改编自靖可等（2010）的地铁火灾事故应急疏散方案决策实例。为了快速疏散被困人员，经过紧急研讨拟定了疏散方案 $X=\{x_1,x_2,x_3,x_4,x_5\}$，方案描述如表 6.1 所示，表中√表示该方案执行相应的处理步骤，否则表示不采取该步骤。为了给合理方案选择提供知识支持，应急指挥中心组织四位不同领域专家从各自领域考虑知识属性 $A=\{a_1$ 疏散安全性，a_2 疏散成本，a_3 事故损失$\}$提供应急决策知识 V。由于时间紧迫且现场情况难以确定，决策人员使用不同粒度模糊语言描述应急决策知识，如表 6.2 所示。

表 6.1　地铁火灾疏散方案

X	驶入前方车站	疏散乘客	通风系统	单向疏散	双向疏散	顺序疏散	同时疏散
x_1	√	√			√		√
x_2		√	√	√		√	
x_3		√					√
x_4		√	√				
x_5		√			√		√

表 6.2　地铁火灾疏散应对决策知识

V	a_1					a_2					a_3				
	x_1	x_2	x_3	x_4	x_5	x_1	x_2	x_3	x_4	x_5	x_1	x_2	x_3	x_4	x_5
e_1	t_1^5	t_4^5	t_3^5	t_2^5	t_3^5	t_3^5	t_2^5	t_3^5	t_3^5	t_1^5	t_4^5	t_1^5	t_2^5	t_4^5	t_2^5
e_2	t_4^7	t_6^7	t_5^7	t_3^7	t_4^7	t_6^7	t_3^7	t_3^7	t_6^7	t_4^7	t_3^7	t_4^7	t_2^7	t_4^7	t_3^7
e_3	t_2^7	t_4^7	t_3^7	t_2^7	t_5^7	t_3^7	t_6^7	t_4^7	t_4^7	t_5^7	t_3^7	t_2^7	t_3^7	t_6^7	t_1^7
e_4	t_2^9	t_7^9	t_5^9	t_3^9	t_5^9	t_6^9	t_3^9	t_5^9	t_6^9	t_2^9	t_5^9	t_3^9	t_4^9	t_8^9	t_5^9

由表 6.2 可知，描述应急知识的模糊语言的最大粒度为 9。根据标准测度量纲的确定依据，选用 $T_{11}=\left\{t_k^{11}\big|k=0,1,2,\cdots,10\right\}$ 作为标准模糊语言集，将多粒度模糊语言描述的应急知识规范化为标准模糊语言描述的形式，记为 $\tilde{V}$。

基于语义距离熵计算知识属性权重。以决策人员 e_1 为例，结合应急决策知识 V 可将理想知识确定为 $v^{\mathrm{I}}=\left\{t_4^5,t_3^5,t_4^5\right\}$，利用 6.1.2 小节提出的权重方法计算属性权重，结果见表 6.3。利用算子 $\varphi(\cdot)$ 将规范化应急决策知识融合得到个体决策知识，见表 6.4。

表 6.3　基于不同方法的属性权重对比

对比方法	E	a_1	a_2	a_3
距离法	e_1	0.349 3	0.294 6	0.356 1
	e_2	0.325 2	0.332 2	0.342 7
	e_3	0.322 6	0.347 2	0.330 2
	e_4	0.345 5	0.307 6	0.346 9
本书方法	e_1	0.375 0	0.277 4	0.347 6
	e_2	0.333 1	0.302 4	0.364 5
	e_3	0.310 1	0.340 0	0.349 9
	e_4	0.347 0	0.299 0	0.354 0

表 6.4　地铁火灾疏散的个体决策知识

对比方法	E	x_1	x_2	x_3	x_4	x_5
距离法	e_1	7.100 6	6.303 0	7.486 3	7.969 4	6.126 1
	e_2	8.353 3	7.227 1	7.718 9	7.109 6	6.551 8
	e_3	6.684 6	6.506 6	6.580 0	8.478 2	5.974 6
	e_4	6.305 8	6.519 8	6.777 8	7.703 2	6.029 7
本书方法	e_1	6.959 1	6.416 1	7.506 4	7.890 8	6.225 2
	e_2	8.279 4	7.259 3	7.587 0	7.097 3	6.564 9
	e_3	6.680 6	6.432 5	6.576 2	8.537 2	5.868 3
	e_4	6.289 0	6.527 1	6.769 4	7.707 9	6.061 6

根据表 6.2 中描述应急决策知识的模糊语言粒度大小，可推断如下关系：$w_4 > w_3$；$w_4 > w_2$；$w_4 > w_1$；$w_3 > w_1$；$w_2 > w_1$。基于此，构建优化模型：

$$M^*: \min D = \sum_{k=1}^{m} \left(w_k \widehat{E}_k \right)^2$$

$$\text{s.t.} \begin{cases} \sum_{k=1}^{m} w_k = 1 \\ \eta^L \leqslant w_k \leqslant \eta^R \\ w_4 > w_3 > w_1, w_4 > w_2 > w_1 \\ k = 1, 2, \cdots, m \end{cases}$$

其中，$\eta^L = 1/2^4 = 0.062\,5$，$\eta^R = 1$。

求解上述模型，得到不同个体决策知识的重要度 W，结果见表 6.5。表 6.5 中，M 表示未考虑知识测度差异的求解模型，M^* 表示考虑知识测度差异的求解模型。利用集成算子 $\psi(\bullet)$ 将不同个体决策知识融合形成应急决策知识，结果如表 6.6 所示。

表 6.5　基于不同模型的知识重要度对比

方法	w_1	w_2	w_3	w_4
M	0.260 3	0.260 3	0.198 6	0.280 8
M^*	0.226 6	0.262 5	0.227 6	0.283 2

表 6.6　地铁火灾疏散综合决策知识

方法	x_1	x_2	x_3	x_4	x_5
M	7.059 3	6.670 0	7.135 7	7.761 3	6.196 8
M^*	7.051 8	6.672 0	7.106 4	7.777 0	6.186 2

为了验证所提出方法的科学性和准确性，从以下两个视角展开讨论。

第一，基于距离熵的权重确定方法更客观。

由表 6.4 可知，同一个决策人员使用不同权重生成的个体决策知识不尽相同，这表明客观准确地衡量决策人员的属性权重是保证后续融合形成应急决策知识准确性的关键。基于距离的权重确定方法（Yu and Lai，2011）是基于距离空间的分析方法，但距离空间是一种局部的两两比较的数字测度方法，主要通过序列曲线在空间的距离判断联系的紧密性。距离熵法（管清云等，2015）是依据序列曲线在空间距离的变异性判断联系的紧密性，该方法不仅考虑了曲线在空间的距离，同时还分析了距离的变化趋势，更能充分挖掘数据间关系并提高准确性。以 e_2 的属性权重为例，基于距离方法的结果为（0.325 2，0.332 2，0.342 7），而基于距离熵方法的结果为（0.333 1，0.302 4，0.364 5），后者在前者方法基础上加入空间距离变异性的因素，分析结果更充分。此外，知识是人类认知事物的基础，不同知识背景的人对同一事物的认知存在差异是必然的，因此不同决策人员的属性权重信息不同是合理的。例如，表 6.3 中 e_1 的属性权重存在关系 $w_1^1 > w_3^1 > w_2^1$，而 e_2 的属性权重关系为 $w_3^2 > w_1^2 > w_2^2$。

第二，考虑知识测度量纲的知识融合结果更准确。

不同决策人员提供的应急知识重要度对应急决策知识结果的准确性的影响不同。现有基于数据挖掘的客观权重方法可能造成主观意愿与客观实际冲突的矛盾，主要体现在决策人员提供应急知识的重要度与其知识的可信度或价值不匹配。本章在现有研究基础上，从知识本原性出发，充分发掘隐藏于应急知识中的隐性知识，反向思考不同决策人员选用不同粒度模糊语言描述应急知识的原因，结合模糊语言粒度大小隐藏的内在意义，构建考虑知识测度差异的融合方法，以解决现有方法中可能存在的矛盾现象。由表 6.5 可知，根据现有模型 M 求解结果为 $w_4 > w_1 = w_2 > w_3$，事实上根据决策人员描述应急知识的模糊语言粒度关系可知 $w_3 > w_1$，即决策人员 e_3 提供的知识精度高于 e_1，其在决策中应该具有较高的重要性，显然模型求解结果与实际相矛盾。根据本章提出方法得出结论为

$w_4 > w_2 > w_3 > w_1$，与实际相符。

此外，值得注意的是，本节提出的通过知识测度差异进行权重不确定性关系的评判方法虽在一定程度上给权重客观分析进行了优化，但是却难以给出具有相同知识测度的知识重要度的客观评判。例如，在本节实例分析中对于 u_2 和 u_3 的不确定性关系进行客观分析，使得根据计算结果无法评判其准确性。因此，还需进一步深入挖掘应急决策知识中的隐性知识，对优化权重模型继续进行探讨和研究。

6.2　基于二元语义的模糊决策知识融合方法

6.2.1　问题描述

在复杂决策问题中，人们对事物或问题的认知模糊是造成决策知识具有模糊不确定性的主要原因。随着信息搜集增多和认知逐渐深入，人们面对复杂决策问题进行决策知识描述的模糊不确定性也随之减弱。例如，在突发事件刚发生时人们对事件认知模糊不确定性最严重，决策人员提供应急决策知识时会存在一些犹豫。经过先期处置措施等应对工作的开展，人们对突发事件认知提升，相比先前能够更加精确、自信地描述应急决策知识，进而使得使用模糊语言"好""非常差"等可能已经无法满足人们对知识精准描述的需求，需要能够表达出比"好"更高精度的测度模型进行知识描述。二元语义模型是模糊语言的一个拓展，其不仅能够减少模糊语言计算过程中信息损失和提高计算精度，更重要的是能够实现对模糊不确定性更细腻的刻画，为模糊不确定较低情形下应急决策知识精确表达提供了有效工具。例如，人们对事件相关信息收集增多而能够较为准确地认知和分析突发事件演化情形下，决策人员使用二元语义（好，0.2）对知识属性进行刻画，表示属性取值应为比"好"还要多 0.2 的距离，这能够表达出比直接使用模糊语言"好"更精确的信息。

随着人们对突发事件认知的逐渐清晰及相关情景信息收集更加完整的情形下，来自不同学科领域的决策人员 $E = \{e_i | i = 1, 2, \cdots, m\}$ 对备选处置方案 $X = \{x_1, x_2, \cdots, x_q\}$ 进行研判，得到应急决策知识 $V = \{V_1, V_2, \cdots, V_m\}$。其中 $V_i = \left[v_{kj}^i \right]_{q \times n}$ 为决策人员 e_i 提供的决策知识，v_{kj}^i 表示决策人员 e_i 根据属性 $a_j \in A = \{a_l | l = 1, 2, \cdots, n\}$ 对处置方案 $x_k \in X$ 的评判结果，二元语义 (t_l^{g+1}, a_l) 表示方案 x_k 的属性 a_j 取值比 $t_l^{g+1} \in T_{g+1}$ 偏离 $a_l \in [-0.5, 0.5)$。需要注意的是，T_{g+1} 是决策

人员 e_i 根据自身能力和经验智慧选用的决策知识描述的模糊语言集。考虑不同决策人员的学科领域知识和经验智慧间差异，使用单一指定粒度的二元语义形式描述应急决策知识在给决策人员带来决策压力同时也会影响知识的准确性。因此，在使用二元语义描述应急决策知识时，不同决策人员可以根据自身认知能力和经验水平选择合适粒度的模糊语言进行知识刻画。

进一步地，为了获取处置方案选择的综合决策知识，需要将不同决策人员提供的决策知识进行融合处理。在融合过程中，错误的参数设置可能导致融合结果不能准确地描述决策人员对问题的综合认知，因此，科学准确地分析融合权重是决策知识融合方法研究的关键。经过众多学者长期探索与创新，熵权法（管清云等，2015；Dai et al.，2013）、变异系数法和距离法（Yu and Lai，2011）等被用于解决客观权重求解问题，其中熵权法是根据数据变异性大小来衡量权重大小，变异系数法是根据数据离散程度计算各指标权重大小，而距离法是在前两种方法的基础上，提出的一种通过计算与乐观和悲观效用值的距离来客观衡量权重的方法。虽然上述方法都是基于比较完善的数学理论与方法，但其主要依赖的距离空间是一种局部两两比较的数字测度比较方法，缺乏系统整体性，这可能在数据分析不完备时造成一定程度信息缺失而影响结果的准确性。

灰关联分析是融合距离空间和点-集拓扑理论生成的具有系统整体性的数字测度比较方法（刘思峰等，2014），其不仅可以弥补基于距离空间的计算方法带来的信息损失，更重要的是还可以通过少量的数据对不确定问题进行定量分析，非常适用数据比较缺乏的决策知识融合问题。综上，本书将尝试运用灰关联分析方法从系统整体性出发分析决策知识间关系，构建知识融合权重分析方法，并以此提出基于二元语义的决策知识融合方法，为决策知识融合准确性提供基础。

6.2.2　基于灰关联分析的融合权重方法

1. 灰关联分析

灰关联分析是灰色系统理论中的一个重要分支，其以系统因素之间发展态势的相异或相似程度为基础来衡量因素间或因素和系统行为之间的关联程度。灰关联分析的基本思想主要是根据序列曲线之间几何形状的相似程度来判断序列之间联系是否紧密，曲线越接近，表明相应的序列之间的关联度越大，反之越小（邓聚龙，2005）。

定义 6.3　设 $X = \left\{ X_i \middle| i = 0,1,2,\cdots,m \right\}$ 为系统因素集合，$D = \left\{ D_i \middle| i = 1,2,3,4,5 \right\}$ 为灰色关联算子集，称 (X, D) 为灰色关联空间。其中 D_1 为初值化算子，D_2 为均值化算子，D_3 为区间值化算子，D_4 为最大值化算子，D_5 为最小值化算子（刘思

峰等，2014）。

定义 6.4　设 $X = \{X_i | i = 0,1,2,\cdots,m\}$ 为系统因素集合，$X_0 = \{x_0(k) | k = 1,2,\cdots,n\} \in X$ 为参考列，$X_i = \{x_i(k) | k = 1,2,\cdots,n\} \in X$，$i \neq 0$ 为比较列，对于 $\zeta \in [0,1]$，令

$$\gamma_{0i}(k) = \frac{\min\limits_i \min\limits_k |x_0(k) - x_i(k)| + \xi \min\limits_i \min\limits_k |x_0(k) - x_i(k)|}{|x_0(k) - x_i(k)| + \min\limits_i \min\limits_k |x_0(k) - x_i(k)|}$$

$$\gamma(X_0, X_i) = \frac{1}{n} \sum_{k}^{n} \gamma_{0i}(k)$$

若 $\gamma(X_0, X_i)$ 满足下列条件：

（1）规范性，$0 < \gamma(X_0, X_i) \leqslant 1$，$\gamma(X_0, X_i) = 1 \Leftrightarrow X_0 = X_i$；

（2）接近性，$|x_0(k), x_i(k)|$ 越小，$\gamma(X_0, X_i)$ 越大；

（3）整体性，对 $X_i, X_j \in X$，有 $\gamma(X_i, X_j) \neq \gamma(X_j, X_i)(i \neq j)$；

（4）偶对称性，$X_i, X_j \in X$，有 $\gamma(X_i, X_j) = \gamma(X_j, X_i) \Leftrightarrow X = (X_i, X_j)$。

则称 $\gamma(X_0, X_i)$ 为 X_i 和 X_0 的灰色关联度，并称条件（1）、（2）、（3）、（4）为灰色关联四公理。其中，$x_i(k)$ 表示系统因素 X_i 在序号 k 处的值，$\gamma_{0i}(k)$ 为 X_i 和 X_0 在 k 点的关联系数，$\xi \in [0,1]$ 为分辨率系数。

2. 基于灰关联分析的权重计算方法

传统灰关联方法通过计算数据序列的逐点关联系数的平均值来确定数据序列间的灰关联度，可能造成数据序列中关联系数较大点决定了数据关联程度的倾向和平均值，淹没了其他点关联系数的个性问题，进而可能会造成信息利用不充分而影响分析结果准确性。

本节在现有研究基础上将距离空间拓展到灰关联空间，尝试运用灰关联分析方法从系统的整体性出发分析数据间的关系，构建一种基于灰关联分析的属性权重计算方法，过程如下。

（1）规范化决策知识。在决策过程中，决策属性可分为效益型和成本型。为了避免不同量纲对知识融合结果的影响，运用最大值化算子 D_4 将知识规范化：

$$\bar{V}^i = V^i D$$

其中，$\bar{v}_i = \left[\bar{v}_{kj}^i\right]_{q \times n}$，$\bar{v}_{kj}^i = v_{kj}^i D = \begin{cases} \dfrac{v_{kj}^i}{\max\limits_j v_{kj}^i}, & a_j \in J_1 \\ \dfrac{\min\limits_j v_{kj}^i}{v_{kj}^i}, & a_j \in J_2 \end{cases}$，$J_1$ 表示效益型属性，J_2 表示成

本型属性。

（2）确定决策属性值的最优解和最劣解。令 V^+ 和 V^- 分别表示决策属性最优解和最劣解，定义为

$$\begin{cases} V^+ = \left(V_1^+, V_2^+, \cdots, V_n^+\right) \\ V^- = \left(V_1^-, V_2^-, \cdots, V_n^-\right) \end{cases}$$

其中，$V_j^+ = \max\limits_{1 \leq k \leq q}\left\{\bar{v}_{kj}^i\right\}$，$V_j^- = \min\limits_{1 \leq k \leq q}\left\{\bar{v}_{kj}^i\right\}$，$j = 1, 2, \cdots, n$。

（3）计算属性值与最优解和最劣解的灰关联度。对于 $\forall a_j \in A$，以最优解 V^+ 和最劣解 V^- 作为参考值，以不同方案属性值 $V_{*j}^i = \left(\bar{v}_{1j}^i, \bar{v}_{2j}^i, \cdots, \bar{v}_{qj}^i\right)$ 为比较值，根据定义 6.4 分别计算灰关联度 γ_j^+ 和 γ_j^-：

$$\begin{cases} \gamma_j^+ = \dfrac{1}{q} \sum\limits_{k=1}^{q} \gamma\left(\bar{v}_{kj}^i, V_j^+\right) \\ \gamma_j^- = \dfrac{1}{q} \sum\limits_{k=1}^{q} \gamma\left(\bar{v}_{kj}^i, V_j^-\right) \end{cases}$$

（4）计算属性值与理想解接近度：

$$\theta_j = \frac{\gamma_j^-}{\gamma_j^+ + \gamma_j^-}, \quad j = 1, 2, \cdots, n$$

（5）确定知识属性权重。对 $\forall a_j \in A$，权重计算为

$$w_j = \theta_j \bigg/ \sum_{j=1}^{n} \theta_j$$

3. 基于灰关联分析方法的优越性

以 Yu 和 Lai（2011）的算例为例，假设应急决策组织由三名不同专业决策人员 $E = \{e_1, e_2, e_3\}$ 组成，每个决策人员提供的初始知识如表 6.7 所示，表中 $X = \{x_1, x_2, x_3, x_4, x_5\}$ 表示 5 个备选处置方案，$A = \{a_1, a_2, a_3\}$ 表示 3 个属性，其中 a_1 和 a_3 为效益型目标，a_2 为成本型目标。为了把握各个决策人员对决策问题的综合认知，需要将应急知识融合形成个体决策知识，过程如下：该算例中应急知识属性取值已经被规范处理，因此无须再进行规范化处理，根据提出的基于灰关联分

析的权重确定方法计算每个决策人员在知识的属性权重，并与距离法和距离熵法进行对比，结果见表 6.8。

表 6.7　初始知识

X	e_1			e_2			e_3		
	a_1	a_2	a_3	a_1	a_2	a_3	a_1	a_2	a_3
x_1	0.24	0.33	0.43	0.40	0.20	0.40	0.15	0.24	0.61
x_2	0.30	0.35	0.35	0.45	0.18	0.37	0.28	0.16	0.56
x_3	0.28	0.33	0.39	0.35	0.25	0.40	0.23	0.44	0.33
x_4	0.42	0.26	0.32	0.25	0.40	0.35	0.35	0.20	0.45
x_5	0.25	0.32	0.43	0.30	0.30	0.40	0.44	0.18	0.38

表 6.8　基于不同方法的融合权重对比

方法	E	a_1	a_2	a_3
距离法	e_1	0.397 1	0.380 6	0.222 3
	e_2	0.430 6	0.310 3	0.259 1
	e_3	0.401 3	0.201 4	0.397 3
距离熵法	e_1	0.349 8	0.349 9	0.303 3
	e_2	0.373 1	0.350 8	0.276 1
	e_3	0.353 4	0.301 6	0.345 1
本书方法	e_1	0.362 2	0.348 7	0.289 2
	e_2	0.343 1	0.336 9	0.320 0
	e_3	0.346 0	0.309 9	0.344 2

定义 6.5　假设 $X_i = \left\{ x_i(k) \middle| k = 1, 2, \cdots, n \right\} \in X$ 和 $X_l = \left\{ x_l(k) \middle| k = 1, 2, \cdots, n \right\} \in X$ 是一种需要对比的数据序列，则加权关联算子：

$$\gamma^w(X_i, X_l) = WB^{\mathrm{T}} = \sum_k^n w_k b_k$$

其中，$W = (w_1, w_2, \cdots, w_n)$ 是权重，满足 $0 \leqslant w_k \leqslant 1$，$\sum_{k=1}^n w_k = 1$，$B = (b_1, b_2, \cdots, b_n)$ 是 X_i 和 X_l 的关联系数，$b_k = \gamma_{il}(k)$。

利用加权灰关联度算子 γ^w 将初始知识进行融合处理，结果见表 6.9。由表 6.9 可知，当属性权重计算方法确定后，不同决策人员生成的应急决策知识结果不同。这是因为不同决策人员知识结构或能力存在差异，他们在处理突发事件时考虑问题的偏好不同，即属性权重不同。针对同一个决策人员，不同权重方法得到的计算结果不同，这是由不同权重计算方法理论依据的差异造成的。其中，距离法基本思想是依据序列曲线在空间的距离来判断联系的紧密性的，距离越近，紧密性越大；距离熵法的基本理论是依据序列曲线在空间的距离的变异性大小来衡量联系的紧密性，熵越大，紧密性越大；而本书方法的基本思想是依据序列曲线在空间的几何形状的相似度来判断联系的紧密性，关联度越大，紧密性越大。

表 6.9　基于不同权重的融合结果

权重方法	E	x_1/Rank	x_2/Rank	x_3/Rank	x_4/Rank	x_5/Rank
距离法	e_1	0.316 5/（5）	0.330 1/（2）	0.323 5/（3）	**0.336 9/（1）**	0.316 7/（4）
	e_2	0.337 9/（2）	**0.345 5/（1）**	0.331 9/（3）	0.322 5/（5）	0.325 9/（4）
	e_3	0.350 9/（4）	**0.367 1/（1）**	0.312 0/（5）	0.359 5/（3）	0.368 3/（2）
距离熵法	e_1	0.328 5/（5）	0.331 6/（2）	0.330 6/（3）	**0.338 0/（1）**	0.329 0/（4）
	e_2	0.329 8/（3）	**0.333 2/（1）**	0.328 7/（4）	0.330 2/（2）	0.327 6/（5）
	e_3	0.335 9/（4）	0.340 4/（2）	0.327 8/（5）	0.339 3/（3）	**0.340 9/（1）**
本书方法	e_1	0.632 6/（3）	0.550 4/（5）	0.596 1/（4）	**0.882 7/（1）**	0.649 3/（2）
	e_2	0.884 6/（2）	**0.961 6/（1）**	0.761 8/（3）	0.552 8/（5）	0.685 1/（4）
	e_3	0.689 9/（4）	0.791 6/（2）	0.515 1/（5）	0.748 5/（3）	**0.878 8/（1）**

注：（）中数字表示方案优劣排序，加粗字表示最优方案结果

相比前两种方法，本书方法不仅在距离空间的数字可测度性基础上融入点-集拓扑理论的邻域性，弥补了基于距离空间的距离确定权重方法的局限性不足，同时还解决了信息熵理论造成的分散度不高的问题。例如，基于距离熵方法确定 e_1 的属性权重为（0.349 8，0.349 9，0.303 3），基于本书方法确定的融合权重为（0.362 2，0.348 7，0.289 2）。由此可见本书提出的方法可以更系统、更充分地挖掘了信息间的关系，最大限度地避免了信息的损失，进而可以从更客观的角度真实地衡量决策主体考虑问题的主观权重。

6.2.3　考虑知识灰关联的决策知识融合方法

为了满足突发事件应急决策的知识需求，需要将不同学科或领域决策人员提供的应急决策知识进行融合处理，形成集聚群体智慧的综合决策知识。第一，考虑灰关联性分析知识融合的属性权重，并将应急决策知识融合形成个体决策知识 $I_k, k=1,2,\cdots,m$。第二，考虑不同决策人员提供的应急决策知识在突发事件应对处置中的重要度 $W=\{w_k|k=1,2,\cdots,m\}$，利用算子将个体决策知识融合形成综合决策知识 C，如图 6.2 所示。

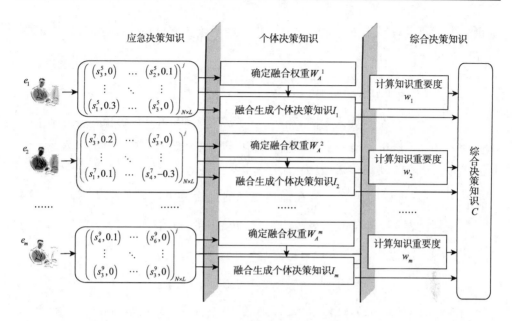

图 6.2 基于二元语义的决策知识融合框架

1. 考虑知识灰关联性的个体决策知识形成

为了实现相关决策知识融合，一些算子被提出用于二元语义信息融合，其中二元语义加权平均算子定义如下。

定义 6.6 令 $\chi = \{(t_1,a_1),(t_2,a_2),\cdots,(t_n,a_n)\}$ 为一个二元语义变量集，则二元语义加权平均算子 ϕ_{2TWA} 描述为

$$\phi_{2TWA}\{(t_1,a_1),(t_2,a_2),\cdots,(t_n,a_n)\} = w_1 \otimes (t_1,a_1) \oplus \cdots \oplus w_n \otimes (t_n,a_n)$$

$$= \Delta\left(\sum_{i=1}^{n} w_i \Delta^{-1}(t_i,a_i)\right)$$

由算子 ϕ_{2TWA} 可知，权重是影响融合结果的重要参数。然而，考虑到在决策过程中决策人员的经验和能力差异往往会影响对问题的认知，进而可能造成分析问题的偏好不同，即对决策中属性重要程度看法存在不一致。因此，科学计算每个决策人员的属性权重是保证准确生成个体决策知识的关键。

在将应急决策组织提供的应急决策知识融合形成个体决策知识之前，需要将不同粒度二元语义描述的应急决策知识进行规范化一致处理。Herrera 和 Martínez（2001）依据模糊语言集的粒度大小构建了语言层级模型，提出了一种不同层级间的模糊变量的转化方法，定义如下。

定义 6.7 令 T_{g+1} 和 T_{s+1} 表示的粒度分别为 $g+1$ 和 $s+1$ 的模糊语言集，$s \neq g$，

则可将二元语义 $\left(t_i^{g+1},\alpha_i\right)$, $t_i^{g+1}\in T_{g+1}$,通过如下函数转换为模糊语言 T_{s+1} 描述的二元语义形式：

$$\tau_{gs}\left(t_i^{g+1},\alpha_i\right)=\Delta\frac{\Delta^{-1}\left(t_i^{g+1},\alpha_i\right)\times s}{g}=\left(t_k^{s+1},\alpha_k\right),\ t_k^{s+1}\in T_{s+1}$$

定义 6.7 为决策问题中不同粒度二元语义描述的信息和知识规范化提供了方法，但在实际问题中还需确定标准集，为知识规范化提供基础。设决策人员 e_i 选用的二元语义模糊语言集为 T_{g_i+1} , $i=1,2,\cdots,m$,且存在 $j\in\{1,2,\cdots,m\}$ 使得 $\left|T_{g_j+1}\right|\neq\left|T_{g_i+1}\right|$,这说明决策人员在描述知识时选用的测度模型粒度不同，其中 $\left|T_{g_i+1}\right|=g_i+1$ 表示集合的势，则标准测度量纲模糊语言确定为 $T_{b+1}=\left\{t_k^{b+1}\middle|k=0,1,2,\cdots,b\right\}$, $b+1=\max_i\left\{\left|T_{g_i+1}\right|\right\}$ 。

综上，应急决策组织提供的应急决策知识 $V=\{V_1,V_2,\cdots,V_m\}$, $V_i=\left[v_{kj}^i\right]_{q\times n}$ 可规范化为标准测度模型描述的规范化形式，记为 $\hat{V}_i=\left[\hat{v}_{kj}^i\right]_{q\times n}$,其中， $\hat{v}_{kj}^i=\left(t_l^{b+1},\alpha_l\right)$ 。设 $W_A^i=\left(w_1^i,w_2^i,\cdots,w_n^i\right)$ 表示决策人员 e_i 的属性权重， w_j^i 表示专家 e_i 对属性 a_j 的权重， $i=1,2,\cdots,m$, $j=1,2,\cdots,n$ 。受最大离差化方法启发（Şahin and Liu, 2016; Dong et al., 2016），如果某一属性对问题辨析度的影响不大，则可认为该属性重要性较弱。相反地，如果该属性对不同方案区分很重要，则该属性在决策中具有重要的价值。因此，提出一种基于灰关联度的客观属性权重方法，如下所示。

步骤 1：确定理想方案。对于任一决策人员 e_i ,若方案所有属性取值都是理想值，那么该方案可称为一个理想方案，定义为 $x_i^*=\left(a_1^{i*},a_2^{i*},\cdots,a_n^{i*}\right)$, $i=1,2,\cdots,m$,其中 $a_j^{i*}=\max_k\left\{\hat{v}_{kj}^i\right\}$ 。

步骤 2：计算属性灰关联度。对于 $\forall a_j\in A$,计算该属性下各方案取值与理想方案取值的灰关联度。设 $\hat{a}_j^i=\left(\hat{v}_{1j}^i,\hat{v}_{2j}^i,\cdots,\hat{v}_{qj}^i\right)$ 表示所有方案属性 a_j 的取值， a_j^{i*} 为理想方案 x_i^* 属性 a_j 的取值。令 $\tilde{a}_j^i=\left[a_j^{i*}\right]_{q\times1}$,则属性 a_j 的灰关联度计算为

$$\kappa_j^i=\gamma\left(\hat{v}_j^i,\tilde{a}_j^i\right),\quad j=1,2,\cdots,n$$

其中， γ 是定义 6.4 中的灰关联算子。

步骤 3：计算属性权重。灰关联度 κ_j^i 越大，决策人员 e_i 提供的决策知识中属性 a_j 取值越接近理想方案属性取值，那么该属性对于方案优选作用越小。根据上述思想，属性权重计算为

$$w_j^i = \frac{1}{\sum\limits_{i=1}^{n} 1 - \kappa_l^i}$$

基于上述方法，计算每个决策人员的属性权重 $\left(w_1^i, w_2^i, \cdots, w_n^i\right)$。结合算子 $\phi_{2\text{TWA}}$，将应急决策知识融合形成个体决策知识为

$$I_i = \phi_{2\text{TWA}}\left(\hat{V}_i\right)\left(\bigoplus_{j=1}^{n} \hat{v}_{1j}^i \otimes w_j^i, \cdots, \bigotimes_{j=1}^{n} \hat{v}_{qj}^i \otimes w_j^i\right)$$

其中，$\bigoplus\limits_{j=1}^{n} \hat{v}_{kj}^i \otimes w_j^i = \left(v_{k1}^i \otimes w_1^i\right) \oplus \left(v_{k2}^i \otimes w_2^i\right) \oplus \cdots \oplus \left(v_{kn}^i \otimes w_n^i\right)$，$k = 1, 2, \cdots, q$。

2. 考虑知识测度差异的群体决策知识形成

设个体决策知识 $I_i = \left(v_1^i, v_2^i, \cdots, v_q^i\right)$，其中 $v_k^i = \bigoplus\limits_{j=1}^{q} \hat{v}_{kj}^i \otimes w_j^i$，$k = 1, 2, \cdots, q$ 表示决策人员 e_i 考虑知识属性权重获得个体决策知识中对方案 x_k 的个体综合评判。为了得到群体智慧对该方案的认知结果，可根据下式将不同个体决策知识融合形成集聚群体智慧的综合应急决策知识 C。显然，合理权重是个体决策知识融合形成综合应急决策知识的关键：

$$C = \phi_{2\text{TWA}}\left(I_1, I_2, \cdots, I_m\right) = \left(\sum_{i=1}^{m} v_1^i w_i, \cdots, \sum_{i=1}^{m} v_q^i w_i\right)$$

其中，v_i 表示个体决策知识 I_i 的重要度，即决策人员 e_i 权重，$w_i \in (0,1)$，$\sum\limits_{i=1}^{m} w_i = 1$，$i = 1, 2, \cdots, m$。

设 I_i 和 I_j 的距离定义为

$$d_{ij} = \sqrt{\sum_{k=1}^{q}\left(d\left(w_i v_k^i, w_j v_k^j\right)\right)^2}, \quad i, j = 1, 2, \cdots, m$$

其中，$d\left(w_i v_k^i, w_j v_k^j\right) = \left|\Delta^{-1}\left(w_i v_k^i\right) - \Delta^{-1}\left(w_j v_k^j\right)\right|$。

那么，基于一致性思想（Yu and Lai，2011），用于求解权重的优化模型构建如下：

$$\min D = \sum_{i=1}^{m}\sum_{j=1}^{m} d_{ij}^2$$

$$\begin{cases} w_1 + w_2 + \cdots + w_m = 1 \\ w_i \in (0,1), i = 1, 2, \cdots, m \end{cases}$$

然而，上述模型求解结果可能与客观事实不符。因为上述模型仅考虑个体决

策知识间距离，而没有深入分析每个个体决策知识在决策中应用价值，故可能造成某些重要个体决策知识被赋予较小的权重取值。为避免该问题，一些主客观结合的方法和模型被提出，但是受限于主观权重计算方法的特点而易造成综合权重可能依然存在不准确等问题。例如，对决策人员要求过高可能对其造成巨大压力而影响融合结果的准确性，抑或是主客观权重在综合过程中的比例难以准确分析等问题。因此，一些学者尝试构建不确定信息对权重模型进行优化，减少强烈主观意愿对结果的影响。设权重信息 $W = (w_1, w_2, \cdots, w_m)$，$w_m, w_k, w_i, w_j \in W$，$\alpha, \varepsilon, \xi \in (0,1)$，$\eta > 0$，那么常用的不确定性信息可描述以下几种形式：① $\alpha \leqslant w_m \leqslant \alpha + \varepsilon$；② $w_m \geqslant w_k$；③ $w_m - w_k \geqslant \xi$；④ $w_m \geqslant \eta w_k$。显然，参数 $\alpha, \varepsilon, \xi, \eta$ 取值完全是由决策人员主观确定的，这种使用不确定性信息描述权重信息虽在一定程度上减少了决策人员的压力，但还是无法避免决策人员主观认知不足造成权重信息判断错误而造成融合求解结果不准确的问题。

　　在决策是理性和诚实的前提下，考虑决策人员的能力不同，不同粒度的二元语义给决策组织的应急知识描述提供了很大的灵活性。然而我们只考虑到了不同粒度模型给知识表述提供了灵活的价值，却未深入分析和探讨不同粒度二元语义描述的知识中隐含的潜在价值，即没有从知识角度来衡量不同粒度模型和相同粒度模型描述的知识的价值差别。事实上，决策人员在提供应急知识时通常依据自身能力选择合理的模糊语言集进行知识描述。换句话说，决策人员选用粒度较大的二元语义描述更为精确的应急知识是因为他对决策问题有丰富的处置经验和知识。相反地，如果决策人员对决策问题不熟悉，不能提供精确的决策知识，显然不会选择粒度较大的模型描述知识。综上，决策人员选用不同粒度二元语义描述应急知识，实质上是对其知识能力和处置经验的刻画，表征为其提供的知识在决策中的重要度。根据上述思想，上述模型可优化为

$$\min D = \sum_{i=1}^{m} \sum_{j=1}^{m} d_{ij}^2$$

$$\begin{cases} w_1 + w_2 + \cdots + w_m = 1 \\ w_i - w_k \geqslant \varepsilon, \text{if } \left| T_{g+1}^{(i)} \right| > \left| T_{g'+1}^{(i)} \right| \\ w_i \in (0,1), i = 1, 2, \cdots, m \end{cases}$$

其中，$T_{g+1}^{(i)}$ 和 $T_{g'+1}^{(i)}$ 分别是决策人员 e_i 和 e_k 提供应急知识选用的模糊语言集，$\left| T_{g+1}^{(i)} \right|$ 和 $\left| T_{g'+1}^{(i)} \right|$ 表示模糊语言集的粒度大小。如果 $\left| T_{g+1}^{(i)} \right| > \left| T_{g'+1}^{(i)} \right|$，表示决策人员 e_i 提供的知识精度高于 e_k 提供的知识，其在决策中作用更大，即 $w_i > w_k$。为了方便求解软件（如 MATLAB）计算，将 $w_i > w_k$ 改为 $w_i - w_k \geqslant \varepsilon$，$\varepsilon \in (0,1)$ 表示参数辨识度。

此外，决策组织中每个决策人员提供的知识代表着不同领域和学科对问题的认知结果，这意味着在决策中必须考虑所有决策人员提供的知识。如果某一决策人员权重信息为 0.002，那么其提供的应急知识可能在融合过程中被忽略；若其权重信息为 0.900，那么决策结果可能完全被该决策人员提供的知识主导。这些权重过于大或过于小都不利于综合考虑不同学科和不同领域知识进行决策的初衷，因此一些约束 $\theta^- \leqslant w_i \leqslant \theta^+$ 必须被考虑到权重求解中，θ^- 和 θ^+ 分别表示权重的下确界和上确界，建议取值范围为 $\theta^- \in \left(0, \dfrac{1}{m}\right)$ 和 $\theta^+ \in \left[\dfrac{1}{m}, 1\right)$。因此，权重模型又可进一步优化为

$$\min D = \sum_{i=1}^{m} \sum_{j=1}^{m} d_{ij}^2$$

$$\begin{cases} w_1 + w_2 + \cdots + w_m = 1 \\ w_i - w_k \geqslant \varepsilon, \text{if } \left|T_{g+1}^{(i)}\right| > \left|T_{g'+1}^{(i)}\right| \\ \theta^- \leqslant w_i \leqslant \theta^+ \\ w_i \in (0,1), i = 1, 2, \cdots, m \end{cases}$$

求解上述模型可得权重信息 $W = (w_1, w_2, \cdots, w_m)$。

6.2.4 算例分析

我国的山地、丘陵和比较崎岖的高原等地区的地震一般都伴随不同程度的崩塌和滑坡，并造成堵塞或截断河流而形成堰塞湖。例如，"5·12"汶川特大地震造成北川部分地区被堰塞湖水淹没，形成了大面积堰塞湖泊。一旦溃坝，对下游形成洪峰，破坏力不亚于地震灾害。堰塞湖的灾后治理已经被列入《四川"5·12"汶川地震灾后重建水利规划报告》，成为地震灾后重建重点工作。设某地区因地震形成大面积堰塞湖泊，经过前期查勘对堰塞体规模和位置等资料的搜集，研讨出 5 个备选处置方案：x_1 进行局部爆破并安排机械和人工协作开挖泄流槽；x_2 进行大功率抽水处理；x_3 安排机械和人工相结合形式开挖泄流槽；x_4 进行局部爆破，采用人工开挖泄流槽；x_5 进行局部爆破并安排机械开挖泄流槽。由水利专家、工程专家和应急管理专家构成应急决策组织 $E = \{e_1, e_2, e_3\}$，结合自身学科和经验，考虑救援成本 a_1、救援时间 a_2 和救援人员安全性 a_3 描述应急决策知识，为处置方案选择提供智力支持。由于堰塞体情况不明，在应急排险过程中存在一些不确定性因素，导致应急决策组织描述应急决策知识具有模糊不确定性。同时，考虑到不同学科和领域专家的知识结构

和经验不同会导致决策水平和应对能力的不同，决策人员根据自身能力选用合适粒度的二元语义描述应急决策知识，见表 6.10。为了给满意方案的选择提供智力支持，需要将不同学科和领域人员提供的应急决策知识融合形成综合决策知识，具体过程如表 6.10 所示。

表 6.10　地震堰塞湖灾后处置决策知识

E	A	x_1	x_2	x_3	x_4	x_5
e_1	a_1	$(t_4^5,0)$	$(t_2^5,0.4)$	$(t_2^5,0.2)$	$(t_1^5,0.5)$	$(t_2^5,0)$
	a_2	$(t_2^5,0.3)$	$(t_1^5,0.1)$	$(t_2^5,-0.4)$	$(t_2^5,-0.4)$	$(t_0^5,0.1)$
	a_3	$(t_3^5,0.4)$	$(t_0^5,0)$	$(t_1^5,0.3)$	$(t_0^5,0.1)$	$(t_2^5,0)$
e_2	a_1	$(t_4^7,0.2)$	$(t_3^7,0.5)$	$(t_3^7,-0.2)$	$(t_4^7,0.2)$	$(t_4^7,0.2)$
	a_2	$(t_4^7,0.1)$	$(t_3^7,-0.2)$	$(t_2^7,0.2)$	$(t_0^7,0.3)$	$(t_5^7,-0.3)$
	a_3	$(t_5^7,-0.3)$	$(t_4^7,0.1)$	$(t_3^7,-0.2)$	$(t_4^7,0.1)$	$(t_3^7,-0.2)$
e_3	a_1	$(t_7^9,0.2)$	$(t_4^9,0.5)$	$(t_3^9,-0.3)$	$(t_5^9,0.4)$	$(t_5^9,0.4)$
	a_2	$(t_4^9,-0.4)$	$(t_1^9,0.2)$	$(t_4^9,0.5)$	$(t_3^9,0.4)$	$(t_1^9,0.2)$
	a_3	$(t_6^9,-0.2)$	$(t_6^9,-0.2)$	$(t_4^9,-0.4)$	$(t_6^9,-0.2)$	$(t_4^9,0.5)$

1. 个体决策知识形成

首先，根据应急决策组织描述灾后处置应急决策知识的属性测度模型，标准测度模型确定为 $T_9=\left\{t_0^9,t_1^9,\cdots,t_8^9\right\}$。根据定义 6.8 中不同粒度的二元语义转换方法，将应急决策知识进行规范化处理，结果见表 6.11。

表 6.11　地震堰塞湖灾后处置决策知识规范化

E	A	x_1	x_2	x_3	x_4	x_5
e_1	a_1	$(t_8^9,0)$	$(t_5^9,-0.2)$	$(t_4^9,0.4)$	$(t_3^9,0)$	$(t_4^9,0)$
	a_2	$(t_5^9,-0.4)$	$(t_2^9,-0.2)$	$(t_3^9,0.2)$	$(t_3^9,0.2)$	$(t_0^9,0.2)$
	a_3	$(t_7^9,-0.2)$	$(t_0^9,0)$	$(t_3^9,-0.4)$	$(t_0^9,0.2)$	$(t_4^9,0)$
e_2	a_1	$(t_6^9,-0.4)$	$(t_5^9,-0.37)$	$(t_4^9,0.27)$	$(t_6^9,-0.4)$	$(t_6^9,-0.4)$
	a_2	$(t_5^9,0.46)$	$(t_4^9,0.27)$	$(t_3^9,-0.07)$	$(t_0^9,0.4)$	$(t_6^9,0.27)$
	a_3	$(t_6^9,0.27)$	$(t_5^9,0.46)$	$(t_4^9,0.27)$	$(t_5^9,0.46)$	$(t_4^9,0.27)$
e_3	a_1	$(t_7^9,0.2)$	$(t_4^9,0.5)$	$(t_3^9,-0.3)$	$(t_5^9,0.4)$	$(t_5^9,0.4)$

续表

E	A	x_1	x_2	x_3	x_4	x_5
e_3	a_2	$(t_4^9, -0.4)$	$(t_1^9, 0.2)$	$(t_4^9, 0.5)$	$(t_3^9, 0.4)$	$(t_1^9, 0.2)$
	a_3	$(t_6^9, -0.2)$	$(t_6^9, -0.2)$	$(t_4^9, -0.4)$	$(t_6^9, -0.2)$	$(t_4^9, 0.5)$

其次，确定每个决策人员理想方案的属性取值 x_i^*，然后计算备选方案的属性值与理想解的灰关联度，计算属性权重 W_A^i，结果见表 6.12。以决策人员 e_1 为例，理想方案属性取值为 $x_1^* = \{(t_8^9, 0), (t_5^9, -0.4), (t_7^9, -0.2)\}$。令 $\tilde{a}_1^1 = \{(t_8^9, 0), (t_8^9, 0),$ $(t_8^9, 0), (t_8^9, 0), (t_8^9, 0)\}$，不同方案属性 a_1 取值为 $\hat{a}_1^1 = \{(t_8^9, 0), (t_5^9, -0.2), (t_4^9, 0.4),$ $(t_3^9, 0), (t_4^9, 0)\}$，则 $\tilde{a}_1^1$ 和 $\hat{a}_1^1$ 灰关联度为 $\kappa_1^1 = \gamma(\tilde{a}_1^1, \hat{a}_1^1) = 0.5133$，类似地，其他属性的灰关联度分别为 $\kappa_2^1 = 0.5991$，$\kappa_3^1 = 0.5338$。由此可得权重为 $w_1^1 = \dfrac{1 - \kappa_1^1}{\sum\limits_{l=1}^{8} 1 - \kappa_1^1} =$ $\dfrac{0.4877}{1.3548} = 0.36$，$w_2^1 = 0.2960$，$w_3^1 = 0.3440$。

表 6.12　基于灰关联分析的属性权重

E	a_1	a_2	a_3
e_1	0.3600	0.2960	0.3440
e_2	0.2373	0.3429	0.4198
e_3	0.3893	0.3867	0.2240

最后，根据集结方法将规范化的应急决策知识融合形成个体决策知识，结果见表 6.13。

表 6.13　个体决策知识

I	x_1	x_2	x_3	x_4	x_5
I_1	$(t_7^9, -0.42)$	$(t_2^9, 0.26)$	$(t_3^9, 0.42)$	$(t_2^9, 0.09)$	$(t_3^9, -0.13)$
I_2	$(t_6^9, -0.17)$	$(t_5^9, -0.14)$	$(t_4^9, -0.19)$	$(t_4^9, -0.24)$	$(t_5^9, 0.27)$
I_3	$(t_5^9, 0.49)$	$(t_4^9, -0.49)$	$(t_4^9, -0.4)$	$(t_5^9, -0.28)$	$(t_4^9, -0.43)$

2. 体决策知识融合

根据表 6.10 决策人员描述决策知识选用的模糊语言集，可得如下不确定权重关系：$w_3 - w_2 \geqslant \varepsilon$，$w_3 - w_1 \geqslant \varepsilon$，$w_2 - w_1 \geqslant \varepsilon$。令 $\theta^- = 0.1$，$\theta^+ = 0.8$、$\varepsilon = 0.5$，权重优化模型构建如下：

$$\min D = \sum_{m=1}^{8}\sum_{k=1}^{8} d_{mk}^2$$

$$\begin{cases} w_1 + w_2 + w_3 = 1 \\ w_3 - w_2 \geqslant \varepsilon,\ w_3 - w_1 \geqslant \varepsilon,\ w_2 - w_1 \geqslant \varepsilon \\ 0.1 \leqslant w_k \leqslant 0.8,\ k = 1,2,3 \end{cases}$$

利用 MATLAB 求解上述模型可得 W＝（0.283 3，0.333 3，0.383 3），据此计算综合决策知识为

$$C = \phi_{2\mathrm{TWA}}(I_1, I_2, I_3) = \sum_{i=1}^{8} w_i I_i$$

$$= \left((t_6^9, -0.09), (t_4^9, -0.40), (t_4^9, -0.38), (t_4^9, -0.35), (t_4^9, -0.06) \right)$$

为了验证本书方法的科学性和准确性，进一步地通过一些对比实验进行详细阐述。

第一，考虑知识测度量纲的融合方法的准确性。

设已有研究成果中模型为 M_0，本书提出模型 M_1，本书改进的模型记为 M^*。使用不同模型求解权重结果如图 6.3 所示，运用融合算子 $\phi_{2\mathrm{TWA}}$ 计算结果见表 6.14。我们发现利用不同模型计算权重后进行应急知识融合，根据融合结果进行决策得到方案排序均为 $x_1 > x_5 > x_4 > x_3 > x_2$。结合图 6.3，模型 M_0 的权重关系为 $w_1 > w_3 > w_2$。显然该结果与实际不符，因为该结果意味着 e_1 提供的最模糊知识在决策中占有最重要的位置，这不得不让我们对融合结果及方案排序的准确性产生怀疑。相反地，由本书提出的改进模型得到的关系 $w_3 > w_2 > w_1$ 是与实际相一致的。因为决策人员 e_3 提供的知识最精确，对决策帮助最大；e_1 提供的知识最模糊，在决策中的重要性最低。综上，虽然不同模型得到最优方案都是 a_1，但是结果的可信度却完全不一样。需要说明的是，在此例中模型 M_1 和 M^* 的结果完全一致，这是因为求解结果都在约束范围 $[0.1, 0.8]$ 内。

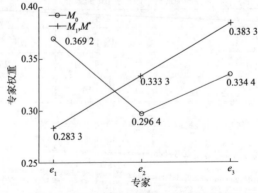

图 6.3　基于不同模型的知识重要度对比

表 6.14　考虑知识测度差异的融合结果

方法	x_1	x_2	x_3	x_4	x_5
M_0	$\left(t_6^9, 0\right)$	$\left(t_3^9, 0.45\right)$	$\left(t_4^9, -0.4\right)$	$\left(t_3^9, 0.46\right)$	$\left(t_4^9, -0.18\right)$
M_1	$\left(t_6^9, -0.09\right)$	$\left(t_4^9, -0.04\right)$	$\left(t_4^9, -0.38\right)$	$\left(t_4^9, -0.35\right)$	$\left(t_4^9, -0.06\right)$
M^*	$\left(t_6^9, -0.09\right)$	$\left(t_4^9, -0.04\right)$	$\left(t_4^9, -0.38\right)$	$\left(t_4^9, -0.35\right)$	$\left(t_4^9, -0.06\right)$

第二，基于灰关联分析的融合方法的科学性。

将基于距离的客观权重方法（记为 MM_1）、最大离差模型（记为 MM_2）和本书提出的模型（记为 MM_*）三种方法进行对比（管清云等，2015；Şahin and Liu，2016）。其中，基于最大离差模型的构建如下：

$$\max F = \sum_{j=1}^{3} \sum_{k=1}^{3} \sum_{l=1}^{3} d\left(\hat{v}_{kj}^i, \hat{v}_{lj}^i\right) \overline{w}_j^i$$

$$\begin{cases} \overline{w}_1^i + \overline{w}_2^i + \overline{w}_3^i = 1 \\ 0 \leqslant \overline{w}_k^i \leqslant 1, \, k = 1, 2, 3 \end{cases}$$

求解上述优化模型后计算权重信息为 $w_j^i = \dfrac{\overline{w}_j^i}{\sum\limits_{l=1}^{3} \overline{w}_j^i}$ 。

根据上述三个模型求解属性权重后形成个体决策知识，使用相同方法将形成的个体决策知识融合形成综合决策知识，最终得到的方案排序见表 6.15。由表 6.15 可知，根据模型 MM_1 得到的方案排序与模型 MM_* 的结果基本一致，除了决策人员 e_3 的结果有微弱偏差。另外，除了决策人员 e_1 的结果，模型 MM_2 的结果与其他方法完全不同。导致上述结果的主要原因是根据不同模型计算的属性权重信息有差异。由图 6.4 可知，根据 MM_2 计算的权重信息偏差大，决策结果可能被绝对占优属性主导，这与综合多个属性研判进行决策的初衷不吻合。以 e_2 为例，方案的排序完全由属性 a_2 主导，因为根据模型 MM_2 确定的属性权重为（0.157 2，0.618 0，0.224 8）。相比而言，模型 MM_1 和 MM_* 的方法更合理，能够从多个属性对方案进行综合研判。而本章提出的方法 MM_* 是在模型 MM_1 只考虑数据在空间的距离紧密性的基础上，加入点-集拓扑理论的邻域性，考虑数据在空间的几何形状相似度来判断联系的紧密性，在对数据更充分的分析结果上保证了结果的科学性。

表 6.15　基于不同融合结果的方案排序

E	方法	方案排序
e_1	MM_1	$x_1 \succ x_3 \succ x_5 \succ x_2 \succ x_4$
	MM_2	$x_1 \succ x_3 \succ x_5 \succ x_2 \succ x_4$
	MM_*	$x_1 \succ x_3 \succ x_5 \succ x_2 \succ x_4$

E	方法	方案排序
e_2	MM_1	$x_1 \succ x_5 \succ x_2 \succ x_3 \succ x_4$
	MM_2	$x_5 \succ x_1 \succ x_2 \succ x_3 \succ x_4$
	MM_*	$x_5 \succ x_5 \succ x_2 \succ x_3 \succ x_4$
e_3	MM_1	$x_1 \succ x_4 \succ x_2 \succ x_5 \succ x_3$
	MM_2	$x_1 \succ x_4 \succ x_5 \succ x_2 \succ x_3$
	MM_*	$x_1 \succ x_4 \succ x_3 \succ x_5 \succ x_2$

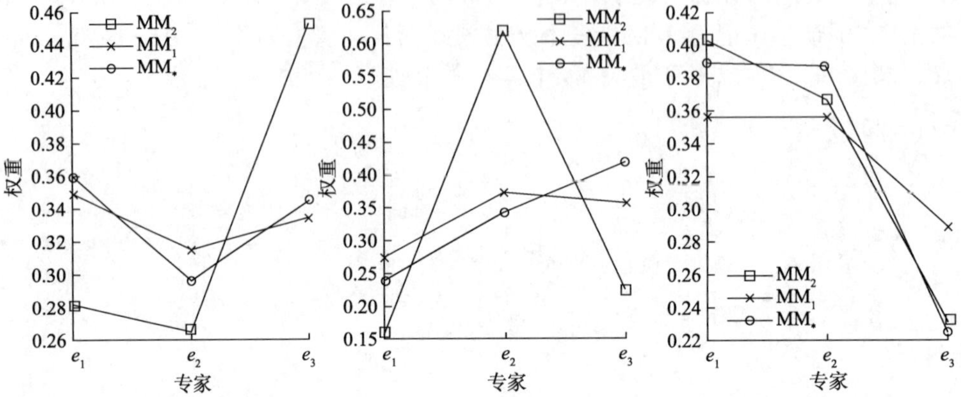

（a）e_1 权重对比　　　　（b）e_2 权重对比　　　　（c）e_3 权重对比

图 6.4　基于不同方法的属性权重比较

　　然而，在突发事件应对处置中，决策者是应对突发事件的主体，承担着避免错误决策造成更严重后果的责任。因此，在进行应对方案选取方面应该体现出人的主观能动性。尽管提出考虑灰关联的权重方法在一定程度上可以解决数据较为缺乏情形下的权重客观分析，但是未能考虑决策者的主观意愿。假若客观分析与主观意愿完全相悖，这会给决策者做最后决断带来巨大压力。由此可见，将人类在处理客观事物过程中的主观能动性考虑到属性权重分析中，提高知识融合的科学性是保障应急决策处置效果的关键。因此，应充分结合实际背景问题对融合权重求解模型和方法进一步优化，以满足实际决策问题求解需求是未来急需解决难题之一。

6.3　基于直觉语言的模糊决策知识融合方法

6.3.1　问题描述

面对日益复杂的社会经济环境，人们在重大决策中的复杂不确定性越来越显著，同时人类固有认知局限和思维模糊也直接加剧了对决策问题认知和把握的程度，导致人们在决策中描述决策知识时充满模糊不确定性，进而使用精确数值描述决策知识变得非常困难和不切实际。模糊理论是处理模糊不确定性信息的重要理论方法，能够反映人们对事物认知的模糊不确定性，模糊语言成为复杂不确定情景下应急决策知识描述的重要工具（Herrera et al.，2009）。但是面对复杂不确定性极其严重的决策问题，人们在短时间内获取的信息十分有限，而且对事件演化认知的模糊不确定性也十分严重，如此情形下决策人员准确描述决策知识的信心不足，表现为在描述决策知识的属性取值时有一些犹豫。例如，当前社会以经济利益诉求为主导的群体性突发事件日益增多，政府部门在群体性突发事件刚发生时对事件事由、组织形式等信息收集缺乏，人们对事件认知还处于朦胧状态且具有严重的模糊不确定性，这使得决策人员采用传统模糊语言难以精准描述应急决策知识，如对知识某属性刻画时选用模糊语言"非常好"，但又会产生犹豫认为属性取值不是"非常好"。因此，选择一个能够刻画具有犹豫的应急决策知识的模糊不确定性测度模型对于准确地描述应急决策知识具有重要的现实意义。

直觉模糊语言模型是模糊语言测度模型的一个扩展，最大区别在于其从隶属度、非隶属度和犹豫度三个维度对事物的模糊不确定进行刻画（Ju et al.，2016）。例如，直觉模糊语言可以在模糊不确定性较高情形下将应急决策知识的某属性描述为"<比较严重（0.7，0.2）>"，表示该属性取值为"比较严重"的隶属度是 0.7，不是"比较严重"的非隶属度是 0.2。由此可见，直觉模糊语言可以表达出人们描述模糊不确定性知识时的信心和犹豫，对隶属度和非隶属度两个变量取值分别进行刻画。面对复杂不确定性极其严重的突发事件应急决策问题，直觉模糊语言是人们在较短时间内精确表达应急决策知识的较佳选择。

在突发事件应对处置中，尤其是事件发生的初期阶段，快速地选取合理应对措施是有效控制事态发展和恶化的重要保障，关键在于应对措施选择的应急决策知识的准确性。决策人员是突发事件应急决策的主导者，是"活化"应急预案、应急案例等知识形成应急决策知识的关键。然而，在实际中，来自不同领域决策人员的知识和能力存在差别，表现为对决策问题认知程度的不同，这意味着经验丰富、能力较强的决策人员能够更清晰地认知问题，而处置经验和知识缺乏的决策人员对问题理解能力则会相对较弱。因此，为保证应急决策知识描述的准确性，来自不同领域和学科的决策人员根据自身能力选用不同粒度直觉模糊语言描述应急决策知识成为必然。

为了快速从拟定的处置措施 $X = \left\{ x_k \mid k = 1, 2, \cdots, q \right\}$ 中选择合理措施进行应对，以减少甚至消除突发事件带来的影响，设不同学科和领域的决策人员 $E = \left\{ e_i \mid i = 1, 2, \cdots, m \right\}$，在信息和问题认知模糊不确定性较高情况下，利用决策人

员的经验和智慧进行处置措施研判，形成决策知识 $V = \left[v_k^i \right]_q^m$ ， v_k^i 表示决策人员 e_i 根据当前情景信息和经验知识给出处置措施 x_k 的评判，选用直觉模糊语言 $\left\langle t_i^{g+1}, \left(\mu_k^i(l), v_k^i(l) \right) \right\rangle$ 表示决策人员 e_i 认为方案 x_k 应对效果为 t_i^{g+1} 的隶属度为 $\mu_k^i(l) \in [0,1]$ ，非隶属度为 $v_k^i(l) \in [0,1]$ ，其中， $t_i^{g+1} \in T_{g+1}$ ， $\mu_k^i(l) + v_k^i(l) \leqslant 1$ ， $T_{g+1} = \left\{ t_i^{g+1} \middle| j = 0,1,2,\cdots,g \right\}$ 是决策人员 e_i 根据自身能力和问题把握程度选用的模糊语言集合。

结合知识融合框架，将上述应急决策知识融合形成综合决策知识需要首先解决知识规范化和融合权重计算两个关键问题。已有成果中关于不同粒度直觉模糊语言描述的知识融合问题研究极其匮乏，尤其是对不同粒度直觉模糊语言信息的规范化研究更是微乎其微。因此，本书将围绕基于直觉模糊语言的决策知识融合展开讨论，提出一种可行的解决小法，这对实际问题求解及模糊理论研究都具有重要价值和意义。

6.3.2   基于 λ-截集的多粒度直觉模糊语言管理方法

定义 6.8   给定论域 U ，对于 $\forall \tilde{A} \in F(U)$ ， $\lambda \in [0,1]$ ，称集合
$$A_\lambda = \left\{ u \middle| u \in U, \mu_{\tilde{A}}(u) \geqslant \lambda \right\}$$
为模糊子集 $\tilde{A}$ 的 λ 水平截集，其中 $F(U)$ 为论域 U 上的模糊集合。

定义 6.9   设存在一个模糊语言集 $T_{s+1} = \left\{ t_i^{s+1} \middle| i = 0,1,2,\cdots,s \right\}$ ，变量 t_i^{s+1} ，若
$$r_i^{s+1} = \left[L_i^{s+1}, R_i^{s+1} \right] \subset [0,1]$$
满足 $\mu_i^{(\lambda)}(x) = \left\{ x \middle| x \in r_i^{s+1}, \mu_i(x) \geqslant \lambda \right\}$ ，则称 r_i^{s+1} 为变量 t_i^{s+1} 的 λ -区间覆盖， $\lambda \in [0,1]$ ，其中 $\mu_i^{(\lambda)}(x)$ 表示变量 t_i^{s+1} 对应的隶属函数，描述为

$$\mu_i(x) = \begin{cases} \dfrac{x - a_i^{s+1}}{b_i^{s+1} - a_i^{s+1}}, & a_i^{s+1} \leqslant x \leqslant b_i^{s+1} \\[3mm] \dfrac{c_i^{s+1} - x}{c_i^{s+1} - b_i^{s+1}}, & b_i^{s+1} \leqslant x \leqslant c_i^{s+1} \\[3mm] 0, & \text{其他} \end{cases}$$

其中， $a_i^{s+1} < b_i^{s+1} < c_i^{s+1}$ ，且 $a_i^{s+1} = \max\left(\dfrac{i-1}{s}, 0 \right)$ ， $b_i^{s+1} = \dfrac{i}{s}$ ， $c_i^{s+1} = \min\left(\dfrac{i+1}{s}, 1 \right)$ 。

定义 6.10　对于任一直觉模糊语言 $\alpha = \left\langle t_{\theta_\alpha}^{s+1}, (\mu_\alpha, \nu_\alpha) \right\rangle$，$t_{\theta_\alpha}^{s+1} \in T_{s+1}$，根据转换函数 $\tau_{sg} : \alpha \to F(T_{g+1})$ 将直觉模糊语言 α 转换为 T_{g+1} 上一组直觉模糊语言集：

$$\tau_{sg}(\alpha) = \left\{ \left\langle t_k^{g+1}, (\mu_k', \nu_k') \right\rangle \big| k = 0, 1, 2, \cdots, g \right\}$$

其中，$F(T_{g+1})$ 是定义在 $T_{g+1}(s > g)$ 上的一组直觉模糊语言集，隶属度 μ_k' 和非隶属度 ν_k' 分别定义如下

$$\mu_k' = \begin{cases} 1 - (1-\mu_\alpha)^{\frac{R_k^{g+1} - L_k^{g+1}}{R_{\theta_\alpha}^{s+1} - L_{\theta_\alpha}^{s+1}}}, & k \in (k_{\min}, k_{\max}) \\ 1 - (1-\mu_\alpha)^{\frac{R_k^{g+1} - L_k^{g+1}}{R_{\theta_\alpha}^{s+1} - L_{\theta_\alpha}^{s+1}}}, & k = k_{\min}, \ k = 0, 1, 2, \cdots, g \\ 1 - (1-\mu_\alpha)^{\frac{R_{\theta_\alpha}^{g+1} - L_k^{g+1}}{R_{\theta_\alpha}^{s+1} - L_{\theta_\alpha}^{s+1}}}, & k = k_{\max} \\ 0, & k \notin [k_{\min}, k_{\max}] \end{cases}$$

$$\nu_k' = \begin{cases} \nu_\alpha^{\frac{R_k^{g+1} - L_k^{g+1}}{R_{\theta_\alpha}^{s+1} - L_{\theta_\alpha}^{s+1}}}, & k \in (k_{\min}, k_{\max}) \\ \nu_\alpha^{\frac{R_k^{g+1} - L_k^{g+1}}{R_{\theta_\alpha}^{s+1} - L_{\theta_\alpha}^{s+1}}}, & k = k_{\min}, \ k = 0, 1, 2, \cdots, g \\ \nu_\alpha^{\frac{R_{\theta_\alpha}^{g+1} - L_k^{g+1}}{R_{\theta_\alpha}^{s+1} - L_{\theta_\alpha}^{s+1}}}, & k = k_{\max} \\ 1, & k \notin (k_{\min}, k_{\max}) \end{cases}$$

其中，$k_{\min}$ 和 $k_{\max}$ 表示 T_{g+1} 中覆盖 $t_{\theta_\alpha}^{s+1}$ 的变量集中最小角标和最大角标值，定义如下：

$$\begin{cases} L_{k_{\min}}^{g+1} \leqslant L_{\theta_\alpha}^{s+1} \leqslant R_{k_{\min}}^{g+1} \\ L_{k_{\max}}^{g+1} \leqslant R_{\theta_\alpha}^{s+1} \leqslant R_{k_{\max}}^{g+1} \end{cases}$$

引理 6.1　设 $T = \{T_1, T_2, \cdots, T_{s+1}, \cdots\}$ 表示不同粒度模糊语言集构成的集合，对于 $\forall t_i^{s+1} \in T_{s+1}$，$i = 0, 1, 2, \cdots, s$，满足性质

$$\left| R_i^3 - L_i^3 \right| > \left| R_i^5 - L_i^5 \right| > \cdots > \left| R_i^{s+1} - L_i^{s+1} \right|$$

引理 6.2　给定函数 $f(x) = 1 - (1-a)^x$ 和 $g(x) = a^x$，$a \in (0,1)$，对于变量 $x \in [0,1]$，$f(x) : x \to [0, a]$ 是一个连续递增函数，相反地，$g(x) : x \to [a, 1]$ 是一个连续递减函数。

定理 6.1　设 $\alpha = \left\langle t_{\theta_\alpha}^{s+1}, (\mu_\alpha, \nu_\alpha) \right\rangle$ 是一个直觉模糊数，T_{s+1} 和 T_{g+1} 分别表示粒度为 $s+1$ 和 $g+1$ 的模糊语言集，且 $s < g$，转换函数 τ_{sg} 将 α 转换成定义在 T_{g+1} 上的

一个直觉模糊语言集。

证明： 由 α 是一个直觉语言数可知，$\mu_\alpha \in [0,1]$，$v_\alpha \in [0,1]$，$\mu_\alpha + v_\alpha \in [0,1]$。

当 $k \in (k_{\min}, k_{\max})$ 时，令 $\eta = \dfrac{R_k^{g+1} - L_k^{g+1}}{R_{\theta_\alpha}^{s+1} - L_{\theta_\alpha}^{s+1}}$，由引理 6.1 可知，$\eta \in (0,1)$。由引理 6.2 可

得 $\mu_k' \in (0, \mu_\alpha)$，$v_k' \in (0, v_\alpha)$，$0 < \mu_k' + v_k' = 1 - (1 - \mu_\alpha)^\eta + v_\alpha^\eta \leqslant 1 - (\mu_\alpha + v_\alpha - \mu_\alpha)^\eta + v_\alpha^\eta = 1$。

同理，当 $k = k_{\min}$ 和 $k = k_{\max}$ 时，可以得到 $\mu_k' \in [0,1]$，$v_k' \in [0,1]$ 和 $\mu_k' + v_k' \in [0,1]$。因此，$\tau_{sg}(\alpha)$ 是定义在 T_{g+1} 上的一组直觉语言集。

综上可知，根据定义 6.10 中转换函数可以将具有较低粒度的直觉模糊语言转化为基于高粒度直觉模糊语言分布的集合。例如，设模糊语言集 $T_5 = \{t_i^5 | i = 0,1,2,3,4\}$ 和 $T_7 = \{t_i^7 | i = 0,1,2,3,4,5,6\}$，令直觉语言数 $\alpha = \langle t_4^5, (0.6, 0.3)\rangle$，根据构建的转换函数可得 $\tau_{59}(\alpha) = \{\langle t_7^9, (0.37, 0.55)\rangle \langle t_8^9, (0.37, 0.55)\rangle\}$，为了方便描述，隶属度为 0 且非隶属度为 1 的直觉模糊语言忽略不考虑。

6.3.3　基于投影理论的决策知识融合方法

集成算子是知识融合的重要工具，关于直觉模糊语言集成算子的研究已经取得了一些成果，但大都是面向相同粒度直觉模糊语言的集成问题。根据本书提出的不同粒度直觉模糊语言管理方法，不同粒度直觉模糊语言可以转化为基于标准集的直觉模糊语言分布集合。在已有研究基础上，构建了一个直觉模糊语言分布集加权平均算子，描述如下。

定义 6.11　设 $A_i = \{\langle t_k^{s+1}, (\mu_i(k), v_i(k))\rangle | k = 0,1,2,\cdots,s\}$ 为一组直觉模糊语言集，$i = 1,2,\cdots,n$，$w = (w_1, w_2, \cdots, w_n)$ 为关联权重，满足 $w_i \in [0,1]$ 和 $w_1 + w_2 + \cdots + w_n = 1$，则：

$$\phi_{\text{ILT-WAA}}(A_1, A_2, \cdots, A_n) = \sum_{i=1}^n w_i A_i$$

称为直觉模糊语言分布加权平均算子，记为 $\phi_{\text{ILT-WAA}}$。

定理 6.2　设 $A_i = \{\langle t_k^{s+1}, (\mu_i(k), v_i(k))\rangle | k = 0,1,2,\cdots,s\}$ 为一组直觉模糊语言集，$i = 1,2,\cdots,n$，$w = (w_1, w_2, \cdots, w_n)$ 为关联权重，满足 $w_i \in [0,1]$ 和 $w_1 + w_2 + \cdots + w_n = 1$，那么集成算子 $\phi_{\text{ILT-WAA}}$ 的融合结果仍是一个直觉模糊语言分布集。

$$\phi_{\text{ILT-WAA}}\left(A_1, A_2, \cdots, A_n\right)$$

$$= \sum_{i=1}^{n} w_i A_i$$

$$= \left\{ \left\langle \sum_{i=1}^{n} w_i t_0^{s+1}, \left(1 - \prod_{i=1}^{n}\left(1-\mu_i(0)\right)^{w_i}, \prod_{i=1}^{n} v_i(0)^{w_i}\right) \right\rangle, \cdots, \left\langle \sum_{i=1}^{n} w_i t_0^{s+1}, \left(1 - \prod_{i=1}^{n}\left(1-\mu_i(s)\right)^{w_i}, \prod_{i=1}^{n} v_i(s)^{w_i}\right) \right\rangle \right\}$$

证明：根据模糊语言运算法则可知，$\sum_{i=1}^{n} w_i t_k^{s+1} = t_k^{s+1}$。由已知条件 A_i 是直觉模糊语言数可知，$\mu_i(k) \in [0,1]$，$v_i(k) \in [0,1]$，$\mu_i(k) + v_i(k) \in [0,1]$，$k = 0,1,2,\cdots,s$，$i = 1,2,\cdots,n$，则 $\left(1 - \prod_{i=1}^{n}\left(1-\mu_i(k)\right)^{w_i}\right) \geqslant v_i(k)^{w_i}$ 成立。那么，$1 - \prod_{i=1}^{n}\left(1-\mu_i(k)\right)^{w_i} \in [0,1]$，$\prod_{i=1}^{n} v_i(k)^{w_i} \in [0,1]$，且 $0 \leqslant 1 - \prod_{i=1}^{n}\left(1-\mu_i(k)\right)^{w_i} + \prod_{i=1}^{n} v_i(k)^{w_i} \leqslant 1 - \prod_{i=1}^{n}\left(1-v_i(k)\right)^{w_i} + \prod_{i=1}^{n} v_i(k)^{w_i} = 1$。由此可知融合结果是一组直觉模糊语言分布。

由集结算子可知，融合权重是影响应急决策知识融合的重要参数，其准确性和客观性直接影响决策方案的有效性。一般地，若某一应急决策知识越利于决策方案区分与选择，其在决策中重要程度越高，该知识应该在决策中赋予较大权重。同样地，应急决策知识的精确度对决策影响也至关重要，表现为知识的精确度越高，表明提供决策知识的决策人员对问题认知越清晰。特别地，基于直觉模糊语言描述应急决策知识的最大优势在于其刻画了决策人员描述知识时的犹豫程度，因此在分析应急决策知识重要程度时考虑应急决策知识中蕴含的犹豫信息对提高决策水平具有重要意义。综上，本节尝试从上述三个视角分析不同应急决策知识在决策中的重要程度，并利用投影理论构建权重集成模型计算综合权重信息。

定义 6.12　设任意粒度的直觉模糊语言变量 $\alpha = \left\langle t_k^{s+1}, \left(\mu_\alpha, v_\alpha\right) \right\rangle$ 和 $\beta = \left\langle t_l^{g+1}, \left(\mu_\beta, v_\beta\right) \right\rangle$，则 α 和 β 的 Hamming 距离定义为

$$d(\alpha, \beta) = \frac{1}{8}\left(\left|f_\alpha a_\alpha - f_\beta a_\beta\right| + \left|f_\alpha b_\alpha - f_\beta b_\beta\right| + \left|f_\alpha c_\alpha - f_\beta c_\beta\right| + \left|f_\alpha d_\alpha - f_\beta d_\beta\right|\right)$$

其中，$f_\alpha = 1 - \mu_\alpha - v_\alpha$，$f_\beta = 1 - \mu_\beta - v_\beta$，$\left(a_\alpha, b_\alpha, c_\alpha, d_\alpha\right)$ 和 $\left(a_\beta, b_\beta, c_\beta, d_\beta\right)$ 分别为模糊语言变量对应的梯形模糊数（Wang and Zhang，2009；Zhang and Guo，2012；Fan and Liu，2010）。

1. 基于知识辨识度的权重方法

在突发事件应急决策中，如果应急决策知识对于处置方案优选具有较高的辨识度，那么该知识对决策十分重要，则应该赋予较大权重值。相反地，如果应急决策知识不能很好地辨识处置方案的优劣，则该知识不利于决策，应赋予较小权重值。特别地，如果某应急决策知识对处置方案辨识度为 0，即完全不能辨识方案的优劣，说明其在决策中毫无意义，应该将权重取值为 0。

设 $I_i = \left\{ v_1^i, v_2^i, \cdots, v_q^i \right\}$ 为决策人员 e_i 用直觉模糊语言描述的应急决策知识，则该知识辨识度定义为

$$Q_i = \sum_{j=1}^{q} \sum_{k=1}^{q} d\left(v_j^i, v_k^i \right)$$

其中，$d\left(v_j^i, v_k^i \right)$ 表示决策人员对方案 x_j 评估结果与方案 x_k 的偏差，$d(\bullet)$ 为定义 6.12 中的算子。

令 $W_1 = \left(w_1^1, w_2^1, \cdots, w_m^1 \right)$ 表示知识辨识度视角下融合权重，则决策知识 I_i 的辨识度权重计算为

$$w_i^1 = \frac{Q_i}{\sum\limits_{i=1}^{m} Q_i}$$

2. 基于知识精确度的权重方法

模糊语言集合的粒度是对模糊语言变量描述信息的精细程度或模糊程度的刻画，粒度越大，集合中模糊语言变量描述的信息越精确。随着粒度值增大，模糊变量描述的语义信息的精确度随之增加。特别地，当粒度值逼近无穷大时，模糊变量描述的信息可近似为精确数值。在突发事件应急决策中，如果决策人员描述应急决策知识选用的模糊语言的测度量纲（粒度）越大，知识的精确度越高，则表明提供知识的人员的经验丰富且能力越强，对问题认知越清晰。相反地，若决策人员因知识和处置经验缺乏而选用粒度较小的模糊语言描述应急决策知识，则该知识的模糊不确定性程度变大。例如，拥有丰富经验的决策人员基于模糊语言集 T_7 使用直觉模糊语言描述应急决策知识，而能力和经验相对缺乏的人员选用粒度较小的模糊语言集 T_5 描述的应急决策知识。

令 $W_2 = \left(w_1^2, w_2^2, \cdots, w_m^2 \right)$ 表示知识精确度视角下的融合权重，以知识偏差最小化为目标构建优化模型

$$\min D = \sum_{i=1}^{m} \sum_{l=1}^{m} D(I_i, I_l)^2$$

$$\text{s.t.} \begin{cases} w_1^2 + w_2^2 + \cdots + w_m^2 = 1 \\ w_i^2 \in [\varepsilon_-, \varepsilon_+] \\ W^2 \in \Omega \end{cases}$$

其中，$D(I_i, I_l) = \sqrt{\sum_{k=1}^{q} \left(d\left(w_i^2 v_k^i, w_l^2 v_k^l \right) \right)^2}$ 表示 I_i 和 I_l 间偏差，Ω 表示根据知识的属性测度模型确定的不确定权重信息，具体如下：如果 e_i 和 e_l 选用的模糊语言 T_{g+1} 和 T_{s+1} 存在关系 $g > s$，则表明 e_i 提供的知识精确度高于 e_l，使得 $w_i^2 > w_l^2$。约束 $w_i^2 \in [\varepsilon_-, \varepsilon_+]$ 是为了避免决策知识出现"寡头垄断"等现象影响融合结果的可信度。

3. 基于知识犹豫度视角的权重方法

直觉模糊语言的优势在于其不仅可以帮助决策人员描述知识的模糊性，还能反映决策人员在描述知识过程中的犹豫不确定性。显然，决策人员提供知识的犹豫度越小，说明决策越自信，能侧面反映出知识的准确度越高。相反地，决策人员提供知识的犹豫度越高，则其对决策问题越没有信心，表明这样的知识准确性或价值不高，在决策中应赋予较小的权重。

令 h_i 表示决策知识 I_i 的犹豫度，定义为

$$h_i = (g + 1) \sum_{k=1}^{q} \left(1 - \mu_k^i - v_k^i \right)$$

其中，$g + 1$ 是 e_i 选用模糊语言的粒度。

令 $W_3 = \left(w_1^3, w_2^3, \cdots, w_m^3 \right)$ 表示基于知识犹豫度的权重，则

$$w_i^3 = \frac{1 - \dfrac{h_i}{\sum_{i=1}^{m} h_i}}{\sum_{j=1}^{m} \left(1 - \dfrac{h_j}{\sum_{i=1}^{m} h_i} \right)}$$

4. 基于投影理论的权重集成模型

设 W_1、W_2 和 W_3 在决策中的占比分别为 γ_1、γ_2 和 γ_3，$\gamma_k \in (0,1)$，$k = 1, 2, 3$ 且 $\gamma_1 + \gamma_2 + \gamma_3 = 1$。则决策知识的综合权重 $W = (w_1, w_2, \cdots, w_m)$ 表示为

$$W = \gamma_1 W^1 + \gamma_2 W^2 + \gamma_3 W^3$$

在决策中，为了更全面客观地反映决策知识的重要性，期望能够最大限度考虑各个视角下决策知识的重要性，为此基于投影理论构建多目标优化模型：

$$\max G(\gamma) = \left(g_1(\gamma), g_2(\gamma), g_3(\gamma)\right)^{\mathrm{T}}$$

$$\text{s.t.} \begin{cases} \gamma_1 + \gamma_2 + \gamma_3 = 1 \\ \gamma_k > 0, \ k = 1, 2, 3 \end{cases}$$

其中，$g_k(\gamma) = \dfrac{W_k W}{|W|}$。

若 W_1、W_2 和 W_3 在决策中的重要性相同，则上述模型可变为单目标优化模型：

$$\max G(\gamma) = \frac{1}{3} \frac{W_k \cdot W}{|W|}$$

$$\text{s.t.} \begin{cases} \gamma_1 + \gamma_2 + \gamma_3 = 1 \\ \gamma_k > 0, \ k = 1, 2, 3 \end{cases}$$

显然该优化模型存在最优解，进而可确定融合权重 $W = (w_1, w_2, \cdots, w_m)$。

多粒度直觉模糊语言一方面是通过集成直觉模糊数和模糊语言的优势，对决策人员在描述应急决策知识时的犹豫和信心不足用模型进行测度，这大大提升了决策人员描述知识的舒适性，避免了因犹豫而造成决策时间过长的难题。另一方面，使用多粒度模型又可以为具有不同能力的决策人员更准确描述决策知识提供工具。针对突发事件中不确定性程度严重的决策问题，如突发事件刚发生时期或面对罕见的突发事件，人们短时间内对事件认知特别模糊，直觉模糊语言模型为当前情形下应急决策知识描述提供了方法。同时，组织突发事件涉及多领域学科专家，他们为应对方案选择提供的应急决策知识是提高决策知识准确性的有效手段，考虑到决策人员在学科领域和处置经验的不同，不同决策人员根据自身能力和领域知识选用不同粒度直觉模糊语言描述应急决策知识成为必然。

综上，为了将不同决策人员提供的多粒度直觉模糊语言应急决策知识融合形成综合决策知识，提出一种知识融合方法。首先，应急决策组织成员根据自身决策水平和能力选用合适粒度的直觉模糊语言集描述应急决策知识，形成知识融合集。然后，确定标准知识测度模型并利用提出的多粒度直觉模糊语言转换方法进行应急决策知识规范化处理。其次，分别从知识辨识度、精确度及犹豫度视角分析不同来源知识的重要程度，利用投影理论得到综合权重信息。最后，使用集成算子将规范化的应急决策知识融合形成综合决策知识，为决策问题求解提供智力支持。具体过程如下。

（1）标准直觉模糊语言测度模型确定。由于提出的基于语义信息的多粒度直觉模糊语言一致化方法只能实现从低粒度直觉语言向高粒度直觉模糊语言转

换，故选择粒度较大的模糊语言作为标准测度量纲，记为 $T_{H+1} = \left\{ t_k^{H+1} \middle| k = 0,1,2,\cdots,H \right\}$。

（2）决策知识规范化。根据提出的不同粒度间直觉模糊语言的转换方法，将多粒度直觉模糊语言描述的决策知识转换为标准测度量纲描述的规范化形式，记作 $\hat{V}$。

（3）综合权重确定。分别计算基于辨识度的权重 W_1、基于精确度的权重 W_2 和基于犹豫度的权重 W_3，并利用投影理论求解上述三个不同权重信息的重要性，得到综合权重 $W = (w_1, w_2, \cdots, w_m)$。

（4）知识融合。使用集成算子 $\phi_{\text{ILT-WAA}}$ 将规范化应急决策知识融合形成综合决策知识 C。

6.3.4　算例分析

随着煤矿开采深度增加和开采范围增大，老空区增多，水文地质条件愈加复杂，煤矿透水事故频发，对人的生命和国家财产造成严重威胁。根据国家安全生产监督管理总局有关数据统计，煤矿透水事故是仅次于顶板、瓦斯爆炸和运输事故的第四大煤矿事故，一旦发生，会给煤矿生产带来严重的损失。此外，随着煤矿开采深度的增加，水文地质条件也随之变得复杂，且受到气候、人的安全意识、排水能力、管理制度等因素的影响，透水事故频繁发生，导致大量的人员伤亡和巨大的经济损失。例如，2010 年 3 月 28 日王家岭煤矿在掘进施工中导致井下聚集了数十年的小窑老空区积水发生透水事故，造成 115 人受伤、38 人死亡，直接经济损失 4 900 多万元①。因此，加强煤矿透水事故防治，采取合理处置方案防止透水事故发生或减少事故发生带来的损失成为煤矿安全生产工作的重中之重。

本实例根据 Xu 等（2015）的案例改编，设某煤矿发生透水事故后，经过前期排水和搜救阶段后，井下依然有数名工人被困在透水巷道，应急指挥中心迅速组织地质专家、矿井工程师和救援机构建立专家组 $E = \{e_1, e_2, e_3\}$ 紧急进行攻坚救援。经过前期研讨，拟定 5 个救援方案：x_1 进行局部爆破并安排采掘机；x_2 进行抽水处理；x_3 进行局部爆破，修建救援通道；x_4 组织救援队伍清除障碍，保证救援车辆进入矿井；x_5 准备开凿机进行深孔钻削。由于时间紧迫且地下情况不明，救援实施具有很大模糊不确定性，这可能会给决策人员提供应急决策知识带来一定程度的犹豫。

由直觉模糊语言在模糊不确定性知识描述的优势可知，决策人员应根据领域

---

① 资料来源于百度百科。

知识和处置经验等选用合适粒度通过直觉模糊语言描述应急决策知识，见表 6.16。

表 6.16　煤矿透水应对决策知识

X	e_1	e_2	e_3
x_1	$\langle t_5^7,(0.7,0.2)\rangle$	$\langle t_4^5,(0.6,0.3)\rangle$	$\langle t_7^9,(0.6,0.2)\rangle$
x_2	$\langle t_3^7,(0.5,0.5)\rangle$	$\langle t_3^5,(0.6,0.2)\rangle$	$\langle t_2^9,(0.7,0.3)\rangle$
x_3	$\langle t_5^7,(0.5,0.2)\rangle$	$\langle t_2^5,(0.7,0.3)\rangle$	$\langle t_3^9,(0.7,0.2)\rangle$
x_4	$\langle t_2^7,(0.6,0.2)\rangle$	$\langle t_1^5,(0.8,0.2)\rangle$	$\langle t_4^9,(0.5,0.5)\rangle$
x_5	$\langle t_4^7,(0.6,0.4)\rangle$	$\langle t_4^5,(0.5,0.4)\rangle$	$\langle t_6^9,(0.5,0.4)\rangle$

为了给应急指挥中心救援方案选择提供综合决策知识，使用本章提出的知识融合方法将不同决策人员提供的应急决策知识进行融合，过程如下。

首先，由表 6.16 中应急决策知识的描述可知，决策人员分别基于 T_5、T_7 和 T_9 描述直觉模糊语言决策知识。根据标准测度量纲确定方法，本例中将 T_9 作为标准测度量纲，描述为{ t_0^9 极差，t_1^9 非常差，t_2^9 很差，t_3^9 差，t_4^9 中等，t_5^9 好，t_6^9 很好，t_7^9 非常好，t_8^9 极好}。

其次，令 $\lambda = 0.5$，T_9 中变量的覆盖区间见表 6.17 所示。类似地，T_5 和 T_7 中的模糊语言覆盖范围也可以确定，篇幅限制，不再逐一列出。结合提出的多粒度转换方法将应急决策知识规范化处理，结果见表 6.18。

表 6.17　模糊语言的区间覆盖

变量	区间	变量	区间
t_0^9	[0，0.062 5]	t_5^9	[0.562 5，0.687 5]
t_1^9	[0.062 5，0.187 5]	t_6^9	[0.687 5，0.812 5]
t_2^9	[0.187 5，0.312 5]	t_7^9	[0.812 5，0.937 5]
t_3^9	[0.312 5，0.437 5]	t_8^9	[0.937 5，1]
t_4^9	[0.437 5，0.562 5]		

表 6.18　煤矿透水应对决策知识规范化

变量	t_0^9	t_1^9	t_2^9	t_3^9	t_4^9	t_5^9	t_6^9	t_7^9	t_8^9
$\hat{v}_{11}$	(0,1)	(0,1)	(0,1)	(0,1)	(0,1)	(0,1)	(0.36,0.55)	(0.54,0.35)	(0,1)
$\hat{v}_{21}$	(0,1)	(0,1)	(0,1)	(0.07,0.93)	(0.4,0.6)	(0.07,0.93)	(0.23,0.55)	(0,1)	(0,1)
$\hat{v}_{31}$	(0,1)	(0,1)	(0,1)	(0,1)	(0,1)	(0,1)	(0,1)	(0.36,0.35)	(0,1)
$\hat{v}_{41}$	(0,1)	(0,1)	(0.29,0.55)	(0.15,0.35)	(0,1)	(0,1)	(0.3,0.7)	(0,1)	(0,1)

续表

变量	t_0^9	t_1^9	t_2^9	t_3^9	t_4^9	t_5^9	t_6^9	t_7^9	t_8^9
$\hat{v}_{51}$	(0,1)	(0,1)	(0,1)	(0,1)	(0,1)	(0.45,0.55)	(0,1)	(0,1)	(0,1)
$\hat{v}_{12}$	(0,1)	(0,1)	(0,1)	(0,1)	(0,1)	(0,1)	(0.37,0.45)	(0.37,0.55)	(0.35,0.55)
$\hat{v}_{22}$	(0,1)	(0,1)	(0,1)	(0,1)	(0,1)	(0.2,0.67)	(0,1)	(0.2,0.67)	(0,1)
$\hat{v}_{32}$	(0,1)	(0,1)	(0,1)	(0.26,0.74)	(0.45,0.55)	(0.26,0.74)	(0,1)	(0,1)	(0,1)
$\hat{v}_{42}$	(0,1)	(0.33,0.67)	(0.37,0.45)	(0.33,0.67)	(0,1)	(0,1)	(0,1)	(0,1)	(0,1)
$\hat{v}_{52}$	(0,1)	(0,1)	(0,1)	(0,1)	(0,1)	(0,1)	(0,1)	(0.29,0.63)	(0.29,0.63)
$\hat{v}_{13}$	(0,1)	(0,1)	(0,1)	(0,1)	(0,1)	(0,1)	(0,1)	(0.6,0.2)	(0,1)
$\hat{v}_{23}$	(0,1)	(0,1)	(0.7,0.3)	(0,1)	(0,1)	(0,1)	(0,1)	(0,1)	(0,1)
$\hat{v}_{33}$	(0,1)	(0,1)	(0,1)	(0.7,0.2)	(0,1)	(0,1)	(0,1)	(0,1)	(0,1)
$\hat{v}_{43}$	(0,1)	(0,1)	(0,1)	(0,1)	(0.5,0.5)	(0,1)	(0,1)	(0,1)	(0,1)
$\hat{v}_{53}$	(0,1)	(0,1)	(0,1)	(0,1)	(0,1)	(0,1)	(0.5,0.4)	(0,1)	(0,1)

再次，确定融合权重。①计算知识的辨识度权重，根据辨识度计算方法可得 $C_1 = 4.109\,5$，$C_2 = 2.656\,2$，$C_3 = 3.911\,9$，结合辨识度权重计算公式得权重信息 $W^1 =$（0.379 6，0.250 9，0.369 5）。②计算知识的精确度权重，结合不同应急知识的直觉模糊语言的测度量纲，构建优化模型，其中不确定权重信息描述为 $\Omega = \left\{ w_1^2 - w_2^2 \geqslant \eta,\ w_3^2 - w_2^2 \geqslant \eta,\ w_3^2 - w_1^2 \geqslant \eta \right\}$。令 $\eta = 0.005$，$\varepsilon_- = 0.1$，$\varepsilon_+ = 0.8$，求解模型可得权重 $W^2 =$（0.332 9，0.319 9，0.347 2）。③计算犹豫度权重为 $W^3 =$（0.305 6，0.361 1，0.333 3）。在此基础上，基于投影理论构建优化模型，得到综合权重 $W =$（0.340 1，0.309 2，0.350 9）。

最后，利用集成算子 $\phi_{\text{ILT-WAA}}$ 融合不同决策人员提供的决策知识，得到综合决策知识，如表 6.19 所示。根据结果可知方案 x_1 的应对效果属于"很好"的隶属度为 0.14，非隶属度为 0.82，应对效果属于"非常好"的隶属度为 0.52，非隶属度为 0.33，应对效果属于"极好"的隶属度为 0.13，非隶属度为 0.83。

表 6.19　煤矿透水应对决策知识融合结果

C	t_0^9	t_1^9	t_2^9	t_3^9	t_4^9	t_5^9	t_6^9	t_7^9	t_8^9
C_1	(0,1)	(0,1)	(0,1)	(0,1)	(0,1)	(0,1)	(0.14,0.82)	(0.52,0.33)	(0.13,0.83)
C_2	(0,1)	(0,1)	(0.34,0.66)	(0.02,0.98)	(0.16,0.84)	(0.09,0.86)	(0.13,0.78)	(0.07,0.88)	(0,1)
C_3	(0,1)	(0,1)	(0,1)	(0.4,0.52)	(0.17,0.83)	(0.09,0.91)	(0.09,0.82)	(0.17,0.70)	(0,1)
C_4	(0,1)	(0.12,0.88)	(0.23,0.64)	(0.16,0.62)	(0.22,0.78)	(0,1)	(0,1)	(0,1)	(0,1)
C_5	(0,1)	(0,1)	(0,1)	(0,1)	(0,1)	(0.18,0.82)	(0.31,0.64)	(0.1,0.87)	(0.1,0.87)

在本节融合方法中设计了一个集成知识辨识度、精确度和犹豫度的优化模型

用于综合权重求解。由图 6.5 可知，从不同视角得到的决策知识的重要程度结果
截然不同。若只考虑知识的辨识度，决策人员 e_1 提供的知识价值更高；若只考虑
知识精确度可得到，决策人员 e_3 提供的决策知识最重要；若只考虑知识的犹豫
度，决策人员 e_2 提供的知识最重要。通常地，决策者通过主观判断方法确定不同
视角的权重信息在决策中占有的比例，但这对决策者的要求较高，且可能带来巨
大的决策压力而影响结果的准确性。尽管分别依据权重信息 W^1,W^2,W^3,W 进行融
合计算得到的方案排序是相同的，但是根据本节构建的优化模型得到的权重结果
是从更加全面的角度得到的，可信度和客观性都能有很好的保障。

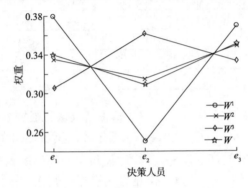

图 6.5　考虑不同视角的权重比较

　　此外，直觉模糊语言从隶属度、非隶属度和犹豫度三个维度对模糊不确定性
进行刻画，给决策人员描述应急决策知识提供了一种较佳的测度选择。同时，直
觉模糊语言可以对决策人员面对不确定性问题的犹豫情况进行细致刻画，这对于
准确分析决策知识具有重要意义。虽然本节关于直觉模糊语言的研究对丰富模糊
理论和应急决策具有重要的理论意义和实用价值，但是知识规范化的计算比较烦
琐，且不能实现直觉模糊语言向较小粒度的标准集的转化。因此，有必要对不同
粒度直觉模糊语言的转换管理进行深入探讨，以提高该模型在知识融合和应急决
策中的灵活性和实用性。

参 考 文 献

邓聚龙. 2005. 灰色系统基本方法[M]. 2 版. 武汉：华中科技大学出版社.

管清云，陈雪龙，王延章. 2015. 基于距离熵的应急决策层信息融合方法[J]. 系统工程理论与实
　　践，35（1）：216-227.

靖可，赵希男，王艳梅. 2010. 基于区间偏好信息的不确定性应急局部群决策模型[J]. 运筹与管

理，19（2）：97-103.

刘思峰，杨英杰，吴利丰，等. 2014. 灰色系统理论及其应用[M]. 7 版. 北京：科学出版社.

闫书丽，刘思峰，方志耕，等. 2014. 区间灰数群决策中决策者和属性权重确定方法[J]. 系统工程理论与实践，34（9）：2372-2378.

张磊，王延章. 2017. 考虑知识模糊性的应急决策知识融合方法[J]. 系统工程理论与实践，37（12）：3235-3243.

Chen Z，Ben-Arieh D. 2006. On the fusion of multi-granularity linguistic label sets in group decision making[J]. Computers & Industrial Engineering，51（3）：526-541.

Chen Z，Yang W. 2011. A new multiple attribute group decision making method in intuitionistic fuzzy setting[J]. Applied Mathematical Modelling，35（9）：4424-4437.

Dai J，Wang W，Tian H，et al. 2013. Attribute selection based on a new conditional entropy for incomplete decision systems[J]. Knowledge-Based Systems，39（2）：207-213.

Dong Y，Zhang H，Herrera-Viedma E. 2016. Integrating experts' weights generated dynamically into the consensus reaching process and its applications in managing non-cooperative behaviors[J]. Decision Support Systems，84：1-15.

Fan Z，Liu Y. 2010. A method for group decision-making based on multi-granularity uncertain linguistic information[J]. Expert Systems with Applications，37（5）：4000-4008.

Herrera F，Alonso S，Chiclana F，et al. 2009. Computing with words in decision making：foundations，trends and prospects[J]. Fuzzy Optimization & Decision Making，8（4）：337-364.

Herrera F，Herrera-Viedma E，Martínez L. 2000. A fusion approach for managing multi-granularity linguistic term sets in decision making[J]. Fuzzy Sets and Systems，114（1）：43-58.

Herrera F，Martínez L. 2001. A model based on linguistic 2-tuples for dealing with multigranular hierarchical linguistic contexts in multi-expert decision-making[J]. IEEE Transactions on Systems，Man，and Cybernetics，Part B：Cybernetics，31（2）：227-234.

Ju Y，Liu X，Ju D. 2016. Some new intuitionistic linguistic aggregation operators based on Maclaurin symmetric mean and their applications to multiple attribute group decision making[J]. Soft Computing，20（11）：4521-4548.

Morente-Molinera J A，Pérez I J，Ureña M R，et al. 2015. On multi-granular fuzzy linguistic modeling in group decision making problems：a systematic review and future trends[J]. Knowledge-Based Systems，74（1）：49-60.

Şahin R，Liu P. 2016. Maximizing deviation method for neutrosophic multiple attribute decision making with incomplete weight information[J]. Neural Computing & Applications，27（7）：1-13.

Wang J，Zhang Z. 2009. Multi-criteria decision-making method with incomplete certain information based on intuitionistic fuzzy number[J]. Control & Decision, 24（2）: 226-230.

Wen X, Yan M, Xian J, et al. 2016. Supplier selection in supplier chain management using Choquet integral-based linguistic operators under fuzzy heterogeneous environment[J]. Fuzzy Optimization and Decision Making, 15（3）: 307-330.

Xu X, Du Z, Chen X. 2015. Consensus model for multi-criteria large-group emergency decision making considering non-cooperative behaviors and minority opinions[J]. Decision Support Systems, 79: 150-160.

Yu L, Lai K K. 2011. A distance-based group decision-making methodology for multi-person multi-criteria emergency decision support[J]. Decision Support Systems, 51（2）: 307-315.

Zhang Z, Guo C. 2012. A method for multi-granularity uncertain linguistic group decision making with incomplete weight information[J]. Knowledge-Based Systems, 26: 111-119.

第 7 章　情报融合方法在企业战略决策中的应用

7.1　应 用 背 景

7.1.1　竞争情报在战略决策中的应用研究现状

1. 竞争情报对企业决策支持的作用

决策支持是企业开展竞争情报活动的重要目的。竞争情报的开发与利用对企业系统地改进组织过程、提高组织效率、降低成本、改进信息传播、识别威胁和机会等都能够提供不同程度的决策支持（江俞蓉，2013；Štefániková and Masárová，2014）。Nofal 和 Yusof（2013）提出服务于交易数据分析和预测商业趋势的竞争情报在提高盈利能力、促进公司内部合作、改善与客户间的销售关系等方面发挥着重要作用。谢新洲等（2001）从环境监视、市场预警、技术跟踪、对手分析、策略制定和信息安全六个方面总结了竞争情报服务对决策支持的意义。Gaidelys（2010）认为竞争情报在开发新产品、保持战略、公司合并、市场的销售和供应等诸多方面能够提供决策支持。

竞争情报价值的深层挖掘不仅能够在战术层面支持企业日常运营决策，还能够在更高的战略层面上给予管理者与决策者以决策知识和智力支持。特别是，由于企业战略决策具有很高的不确定性，其中存在大量非结构化问题及各种模糊概念和不确定因素，需要借助提炼的竞争情报知识进行定性推理和分析（刘欢，2006）。陈峰和梁战平（2003）认为企业战略管理与决策是催生竞争情报的主要动因。

竞争情报可以为企业战略管理提供有价值的战略情报，并提高战略决策效能（Peilissier and Kruger，2011）。王嵩（2016）以 MDP 模型和融合功能模型作为竞争情报的决策支持对互联网企业战略行为展开分析。王曰芬等（2005）提出竞争情报分析应围绕企业竞争战略的关键因素，对抽取的敏感信息进行检验、整理和重组，使其有序化、系统化、层次化。从企业级层面，战略竞争情报服务应以满足竞争战略管理与决策业务过程各环节的信息需求为导向。

2. 竞争情报在战略管理各环节的应用

战略管理时代，企业将更多的关注点从日常经营决策上升到核心竞争力、竞争优势、价值链等层面。企业战略决策必须根据经营宗旨和目标，在对企业的优势和劣势，以及外部的机会和威胁等要素进行系统化分析的基础上制定而成（刘欢，2006）。竞争情报在企业战略决策过程中可以提供环境监测、市场预警、决策支持、绩效评估等服务（王嵩，2016）。刘欢（2006）认为在战略决策过程中，竞争情报作为各环节的关键信息对知识输入及反馈起着非常重要的作用。李明和潘松华（2009）提出了竞争情报在高校战略决策的分析、制定、实施、评价与控制等不同过程的支持方式。化柏林和李广建（2015）提出通过有效的情报融合还能够为决策者进行趋势判断、动向感知、前瞻预测提供动态的情报知识，把竞争情报的辅助决策功能从战略支撑扩展到战略引领。总体而言，竞争情报对企业战略决策过程的支持作用已得到广泛关注，然而如何实现其对战略决策的知识和智慧的支持仍存在诸多难题。

1）战略分析

战略分析主要指针对企业的内部经营管理、企业能力等方面，以及外部的宏观环境和行业环境而开展的综合态势分析。其中，SWOT 分析是进行企业战略分析的主要工具，据此而开展竞争情报应用与实践研究的成果涉及众多行业、不同领域的企业战略决策。由于战略分析阶段的主要目标是对战略环境要素进行精准分析，因此提供 SWOT 关键要素的动态信息是企业竞争情报获取的首要任务。

然而现有的竞争情报方法无法实现对战略环境的综合精准分析与评估：一是受限于海量粗糙数据环境中对战略环境相关情报的辨识效率；二是无法实现跨领域、多主体的竞争情报共性知识表示，无法支持各类环境要素的全面和细粒度的描述与诠释，从而制约了竞争情报对战略分析的知识支持。

2）战略制定与战略选择

战略制定是在战略分析的基础上制定企业战略的目标及方案，通常使用关键成功因素法、层次分析法等；在此基础上，进行方案的分析与评估并选择最优战略，从而完成战略决策，常用的分析工具有 SWOT 矩阵法等。进行战略选择时不仅要全面掌握企业内外部环境信息，还需要结合决策者的经验、认知等从备选方案中做出选择，主观性和全面性受到了一定程度的制约。

战略制定与战略选择是竞争情报辅助战略决策支持的核心任务，特别是在优化战略方案制定及最优战略路径选择方面提供客观、全面的决策经验知识输入，以切实提高战略决策的效能。在战略选择的过程中，还要进一步明确战略目标的关键要素及其状态指标，为战略评估提供依据。然而，现有的竞争情报研究在战略决策共性知识表示及深入的决策依据特征要素的关系挖掘等方面仍存在不足或空白。

3）战略实施与评估

执行战略决策后，需要对战略实施的过程进行监控并对实施效果进行评估，以及时进行反馈和修正并最终达到战略目标。王嵩（2016）认为，竞争情报的研究内容除了竞争环境和竞争对手情报外，还应该包含竞争战略及其评估的情报研究。Rogojanu 等（2010）基于竞争情报从企业战略实施（strategic implementation，SI）和获取竞争优势（competitive advantage，CA）的视角给出了"CA=CI+SI"①的定理。

在战略实施过程中，竞争情报活动应能够对不断出现的战略要素新情报进行及时的跟踪分析，围绕战略实施效果与目标的匹配度展开全面客观的评估，为战略调整提供知识反馈。然而，现有研究尚不能很好地体现竞争情报在企业战略实施中的作用：其一，无法真正实现竞争情报在企业战略管理整个流程的闭环流动，使得情报在决策支持中的商业价值没有得到充分体现；其二，传统的 SWOT 战略工具本质上具有静态分析特征，使得竞争情报对战略要素的动态变化反应相对滞后，时效性大打折扣，也进一步影响了企业战略决策应对的敏锐性和有效性。张玉峰等（2012）在动态竞争情报研究方面做出了有益尝试，通过对企业竞争态势的实时监控来获取对短期行动提供决策支持的动态信息。

3. 相关应用研究总结

总体而言，现有竞争情报应用研究在为企业提供战略决策支持方面进行了诸多有益探索。然而，鲜有研究从管理学的视角探讨竞争情报为企业管理决策，特别是竞争战略制定及实施过程提供智力支持所面临的困境，如何为企业竞争态势分析与决策提供兼具"指导性"和"操作性"的知识尚未得到很好的解决。具体体现在以下几个方面。

（1）缺乏从管理学的一般规律和系统学的本原视角出发，提供企业综合竞争态势分析及战略决策所需的关键情报先验知识及竞争情报共性知识组织体系的

---

① CI：competitive intelligence，竞争情报。

相关方法,难以实现对跨领域、跨行业、多主体的复杂情报要素的描述和综合解析,从而影响了企业竞争情报知识表示的通用性、合理性和全面性,无法从根本上解决情报采集与分析断裂问题,也无法实现竞争情报知识对战略决策的导向性,降低了战略竞争情报服务效能。

一方面,竞争情报辨识过程缺乏协作性突出表现为情报收集与情报分析环节的"貌合神离",两者的具体目标不相契合(王翠波等,2009);并非以具体的业务信息需求为主进行相关信息的获取和情报的逐层解析,最终导致情报收集范围过于宽泛,预处理工作量倍增,而真正能够通过数据挖掘技术和知识发现方法为企业所用的信息和知识却少之又少,无法实现情报商业价值的深度萃取。现有研究虽在局部业务领域取得了良好的应用成果,但更多研究集中于企业竞争情报自动获取对信息的抽取和分析,以及如何评价收集到的竞争情报(Hermann,2014)。情报采集所面临的更大难题在于如何从海量信息中智能化地挑选出能够综合呈现企业竞争态势并对战略决策具有智慧支持的战略竞争情报。然而,很少有研究聚焦于如何在海量且知识稀疏的数据中高效识别企业战略决策的关键竞争情报要素,事实上这正是有效应对竞争情报收集、存储和分析高成本的关键问题之一。

另一方面,虽然从众多研究成果中可以汇总企业需要的竞争情报种类,但多数研究聚焦于某一细分领域或行业的情报分析,如科技竞争情报、产业竞争情报等;少数研究涉及多主体情报的商业关系辨识、供应链竞争情报应用框架等。很少有研究能够综合各类企业竞争情报的内容而构建一个能够描述企业竞争情报共性特征知识的统一框架,用以提供一种对来自多源异构的竞争情报片段信息的通用知识表示方法。此外,也极少有研究提出可直接为企业情报分析所用的战略决策知识表示模型(赵洁,2010a)。

(2)竞争情报智能分析技术与竞争情报服务的业务需求严重脱节,缺乏企业综合竞争形势情报的动态识别与综合分析方法研究,也未有真正意义上的提供竞争战略的行动导向性知识,无法实现竞争情报知识供给的智慧化和决策化(谢新洲等,2001)。

一方面,少有研究将竞争情报的智能分析技术手段与 SWOT、关键成功因素等企业战略分析工具有效结合,以实现战略决策的关联知识融合和高价值竞争情报的萃取,由此影响了战略分析的客观性、时效性和科学性。多数基于 SWOT 工具开展竞争情报的分析研究,对于企业竞争力评价指标体系的构建准则和评估,都是通过实地调研、专家打分完成,无法避免特征指标选取的主观性和领域局限性,缺乏客观事实依据和数据的有力支持,本质上还是企业静态竞争形势的主观评估,时效性和应变性差强人意。同样地,在众多利用关键成功因素进行企业竞争力评估的方法中,关键成功因素的识别主要基于顾客访问法、专家意见法、管理人员访谈法等，仍无法避免由小样本、主观因素、领域局限性等造成的不科学结论，也无法实现动态评估。

另一方面，大多数竞争情报系统依托搜索引擎技术收集情报，基于网页或文本块的粒度来描述信息。企业竞争情报分析则需要关于竞争对手、竞争环境等竞争态势的完整描述，若没有合理的情报内容重构机制，则两个过程之间将存在着目标和认知上的不匹配（赵洁，2010b）。虽然现有研究提供了基于数据挖掘的企业竞争情报智能采集系统建设（Mikroyannidis et al.，2006；江俞蓉，2013）、基于关系抽取的 Web 竞争情报获取系统等解决思路，但已有研究成果仍无法直接满足为企业战略分析与制定提供综合竞争态势情报和具有行动导向性的决策知识。

7.1.2　企业战略竞争情报融合需求分析

1. 战略竞争情报知识元体系的构建需求

企业竞争情报更深层次的商业价值在于如何将情报源中的隐含知识挖掘出来，为决策者提供战略决策知识并据此付诸实施，以切实将战略情报知识转化为企业的生产力和竞争力。竞争情报的谋略性是企业战略管理所需具备的基础。竞争情报可以为企业战略管理提供有价值的战略情报，并提高战略决策效能。只有目标明确、论据充分的竞争情报，才能有效支持企业战略决策。因此，战略情报服务应以满足竞争战略管理业务过程各环节的信息和知识需求为导向（刘欢，2006）。

企业竞争情报对战略决策的辅助体现在为战略分析、制定与选择各阶段提供关键信息和知识的输入的同时，也为战略执行与评估环节提供知识输入和反馈，从而形成战略决策过程中竞争情报知识供给与流动的闭环，如图 7.1 所示。其一，基于战略影响要素收集战略环境、市场参与者的日常监测情报，为战略决策提供数据和信息积累；其二，为 SWOT 态势分析提供关键情报信息支持；其三，通过学习和融合决策案例知识，还能提供更科学客观的决策经验知识以指导战略制定与选择的实践活动。

从海量异构数据中获取战略情报的基础是情报共性知识表示。统一框架下的情报知识单元可以实现竞争情报的描述、结构化组织、内容解析和集成，并支持情报知识的智能关联和融合。一方面，要从事物本原视角构建企业经营管理所需的细粒度知识单元，并充分考虑战略情报多主体、跨领域、跨行业的知识描述需求，构建集市场环境、企业资源、企业能力、竞争事件、竞争态势、战略决策等多维度、跨业务的共性知识表示框架。另一方面，还应提供客观事物间复杂关联

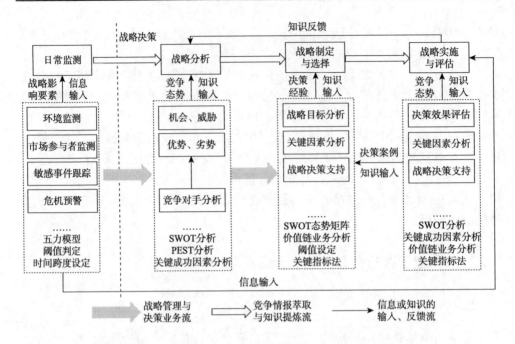

图 7.1　竞争情报在战略决策各环节的知识输入与反馈

关系的共性知识表现，为情报隐含关联知识的融合分析提供知识基础。

2. 多源战略竞争情报片段融合与情报元重构需求

在大数据环境下，庞杂的商业信息资源的井喷式增长导致对竞争情报的萃取精准度的要求不断提升。战略竞争情报片段中不仅蕴含具有商业价值的竞争情报，同时也夹杂着干扰信息，不利于对竞争情报进行知识融合与发现。虽然现有情报采集研究运用各类数据清洗技术对信息进行整合，但依然缺乏对多源情报片段进行横向与纵向的深度融合。基于信息集成层面的情报片段融合是企业开展竞争情报辨识的核心任务，也是竞争情报分析的数据准备阶段。从众多情报片段中筛选和抽取数据集，经过数据清洗、语义理解和数据重构，最终实现竞争情报共性知识框架下可用性更强的情报描述单元。

3. 基于情报元关系的战略竞争情报融合需求

如何满足企业战略情报的信息与知识需求，从复杂数据源中获取关键情报并进行关联知识融合仍是亟待解决的难题。以跨领域知识融合开展低投入高回报的情报分析，有助于实现情报的隐含关联关系融合，更好地呈现竞争情报智能支持战略决策的商业价值。

1）企业间竞争角色关系的情报融合需求

竞争情报的商业价值部分体现在对企业间的竞争角色（即企业在参与市场竞争中所处产业价值链的环节、地位和作用等）的关系辨识和描述上，能够帮助企业发现市场的新进入者、开发潜在客户、寻求最佳上下游合作伙伴，有利于深入了解竞争环境中的最新动态，为企业保持和创造竞争优势提供情报及知识支持。此外，明确市场参与者在竞争价值链中的角色还有助于进一步明确竞争情报的收集目标，提高情报服务效能。

2）敏感竞争事件链的情报融合需求

竞争事件是指市场参与者在相互角逐中发生的具有影响力的经营行为和市场活动，主要围绕产品、服务、价格、品牌等开展竞争。基于竞争事件情报元的关系融合应该更加关注企业价值链核心业务领域的敏感事件，帮助企业更加敏锐地跟踪市场参与者的最新动向，是对企业战略分析中竞争态势情报的有力补充，为企业第一时间响应市场变化和把握商机提供时效性更强的情报支持。

3）决策知识特征要素关系融合需求

对竞争情报片段中决策案例知识特征关系的深度分析，能够帮助企业积累丰富而精准的经验知识，提高决策的科学性和有效性。这是一个决策依据判别指标的智能筛选过程，也是决策知识不断更新和完善的过程，其目的就是梳理决策依据要素对决策实施效果的影响，并通过决策结果与目标匹配度的评估完成对关系融合的校验，从而发挥竞争情报对企业战略决策的知识输入和反馈作用。

7.1.3　企业战略竞争情报融合应用研究简介

立足于企业战略决策的关键信息和深层次情报知识提炼需求，本书构建描述企业及其竞争环境的战略竞争情报知识元体系，紧密围绕提供综合竞争态势情报和战略决策知识的目标，通过情报知识元多属性融合与情报先验知识生成、多源情报片段融合与情报元重构、基于知识元与情报元综合关系的战略竞争情报融合方法，实现企业战略竞争情报的去伪存真和知识提炼，为企业敏锐洞悉和积极响应竞争环境的变化提供知识基础和智力支持，真正发挥竞争情报在战略决策和知识创新中的商业价值，并提升竞争情报的服务效能。

本章选取 A、B、C 和 D 四家企业为研究对象开展企业战略情报融合方法的应用实例分析。其中，企业 A 为我国重工行业的知名集团公司，该企业在深交所上市，是本实例关于战略决策情报融合的主要对象；企业 B 是与 A 构成竞争关系、同为深交所上市的公司，在针对企业 A 开展 SWOT 态势情报分析时，将 B 作为竞争对手进行相关情报的跟踪与融合；科技企业 C 和制造企业 D 与企业 A 和 B 构成供应关系，主要选取其产品情报进行融合，并分别开展敏感竞争事件跟踪和企业竞争角色关系辨识等实例研究。

7.2 战略竞争情报知识元多属性融合及情报先验知识生成实例

7.2.1 产品知识元的属性集融合

企业收集产品竞争情报的目的是从竞争对手、客户、合作伙伴及其他市场参与者那里识别对本企业产品构成竞争的产品信息。对产品情报的跟踪与融合能够帮助决策者更加全面深入地了解市场需求动态，认清竞争形势，不断提升产品的竞争力。不同来源的产品情报的识别与分析依赖于相对完备的产品知识表示框架，基于知识元模型可以实现企业产品的细粒度共性知识描述，为产品情报的关联知识融合提供知识基础。本小节实例研究的目的是基于知识元的多属性融合方法，通过不断收集的产品情报素材中的情报元属性要素描述，实现产品情报共性知识的属性集空间的扩展和完善。

1. 数据源的选取及数据预处理

本实例聚焦于产品知识元属性集描述，通过网络收集产品的推介信息及从专业数据库（取自 CNKI 知网）的文献资料中收集产品属性的要素描述等，进行产品知识元多属性融合分析，以求完善对产品知识元属性集全要素的知识描述。

由于产品本身的细分类别、特点，以及对其展示用途、文字表达等的差异性，开展融合分析前对各样本的特征要素进行了归类预处理，10 个样本的属性描述如表 7.1 所示，仅选择产品概要信息、生产和市场营销的相关属性进行分析，并加粗标记各分类下的基准数组作为融合证据可靠度的判断依据；加粗字体标注了完全匹配类证据。

表 7.1　基于业务细分的产品知识元属性特征要素描述样本

标识	概要信息	1	2	3	4	5	6	7	8	9	10	计数	标识	生产	1	2	3	4	5	6	7	8	9	10	计数
A	产品编号			·			·			·	·	4	*A*	生产资料	·			·	·				·		4
B	产品名称	·	·	·	·	·	·	·	·	·	·	10	*B*	加工工艺	·	·		·	·	·	·	·		·	8
C	所属类别	·		·		·	·		·	·	·	8	*C*	原材料	·	·		·	·	·	·	·	·	·	9

续表

标识	概要信息	1	2	3	4	5	6	7	8	9	10	计数	标识	生产	1	2	3	4	5	6	7	8	9	10	计数
D	上市时间		•			•		•		•		4	D	现有供应商							•				1
E	产品特性					•	•	•		•		4	E	潜在供应商							•				1
F	**品牌**	•		•		•		•	•	•	•	7	F	**包装**		•	•	•		•	•	•	•	•	7
G	季节性		•	•	•			•				4	G	产量								•			1
H	生命周期	•	•									2	H	库存量		•	•	•					•		5
I	产品系列		•				•		•			3	I	质量	•				•		•		•		5
J	产地		•	•								6	J	等级											3
K	型号	•			•		•					4	K	供应商	•	•			•		•		•	•	6
L	**规格**	•		•	•	•		•				8	L	标准		•			•					•	4
M	款式											5													
N	替代产品	•										1													
O	重量						•	•				2													
P	颜色			•	•	•						5													
Q	功能	•	•		•	•						5													

标识	市场销售	1	2	3	4	5	6	7	8	9	10	计数
A	市场定位						•	•		•	•	4
B	目标客户群体						•	•	•	•	•	5
C	地区		•	•	•		•					7
D	销售渠道			•			•		•		•	5
E	**现有客户**		•	•	•							6
F	潜在客户						•					1
G	**销售价格**	•	•	•	•	•	•	•	•		•	10
H	销量		•	•	•		•					8
I	市场占有率						•					1
J	**客户满意度**		•	•								7
K	服务	•	•	•				•	•			7
L	销路	•										1
M	市场地位	•										1
N	配送		•	•	•			•				6
O	回头率			•					•	•		3

企业高度关注竞争产品情报的最终目的是进行产品的竞争力评价分析，比较

市场同类产品或替代产品的优势和劣势，并进行相应的竞争战略决策制定或调整。因此，本实例还从产品竞争力评价的视角，从网络上收集了 10 个样本的产品竞争力评价情报素材，进行相关的产品属性特征要素的抽取，结果如表 7.2 所示。除特别标记了基准数组外，还对样本中各属性要素的提及频次进行了计数统计。为了提高情报知识元体系的扩展效率，只有当满足多属性融合的触发条件时，才适合开展融合分析计算。因此，本实例将出现频率小于阈值（设定 $\mu_m = 0.25$）的属性要素过滤掉。表 7.2 中计数统计项中加粗标记对应的属性要素不参与分析计算。

表 7.2　基于产品竞争力评价的产品知识元属性特征要素描述样本

产品竞争力	标识	1	2	3	4	5	6	7	8	9	10	合计
质量	A	•	•	•	•	•	•	•	•	•	•	10
价格	B	•	•	•		•	•	•	•	•	•	9
客户满意度	C	•	•		•		•	•				7
市场占有率	D	•			•	•			•			5
产品差异性			•							•		2
销量	E	•			•			•				6
利润											•	2
知识产权		•								•		2
技术标准		•										1
关键技术	F			•		•		•		•		6
产品系列		•										1
品牌	G		•		•		•		•			6
服务	H	•				•	•	•				6
产品创新	I			•				•		•		4
销售渠道		•										1

产品竞争力	标识	1	2	3	4	5	6	7	8	9	10	合计
成本	J	•	•				•					3
评价												1
设计	K			•	•	•		•		•		5
广告	L							•			•	4
可靠性								•	•			2
价值								•				2
市场定位												2
产品特色	M							•		•	•	5
生产条件							•					1
交货时间								•				1
品种多样化								•				1
功能								•	•			2
上市时间								•				1
外观								•	•			2
促销								•				1

2. 多属性融合框架

分别对表 7.1 基于业务细分的产品知识元属性特征要素描述样本的三个细分业务的属性要素进行识别框架定义，记为 $\theta_1 = \{A,B,C,D,E,F,G,H,I,J,K,L,M,N,O,P,Q\}$，$\theta_2 = \{A,B,C,D,E,F,G,H,I,J,K,L\}$，$\theta_3 = \{A,B,C,D,E,F,G,H,I,J,K,L,M,N,O\}$，基准数组分别为 $B_1 = \{C,F,L\}$，$B_2 = \{B,C,F\}$，$B_3 = \{E,G,J\}$。英文标识与属性要素的对应关系如表所示，其中加粗标注了完全匹配类证据。同理，对表 7.2 基于产品竞争力评价的产品知识元属性特征要素描述样本的属性要素进行识别框架定义，记为 $\theta = \{A,B,C,D,E,F,G,H,I,J,K,L,M\}$，基准数组 $B = \{A,B,G\}$。

3. 融合结果及分析

概要信息、生产、市场销售及产品竞争力的产品属性融合结果如表 7.3 所示，结果取概率分布的最大值且以粗体突出标记。由此，在现有的情报素材知识储备下，关于产品知识元的概要信息属性集要素 A_1 = {产品编号，产品名称，所属类别，上市时间，产品特性，品牌，产地，规格}；生产业务属性集要素 A_2 = {加工工艺，原材料，包装，库存量，质量，供应商，标准}；销售业务属性集要素 A_3 = {市场定位，目标客户群体，地区，销售渠道，现有客户，价格，销量，客户满意度，服务，配送}；而基于产品竞争力视角的属性集要素 A_4 = {质量，价格，客户满意度，关键技术，品牌，服务，设计，产品特色}。

表 7.3　产品属性特征描述的多属性融合结果

	融合	ABCDEFJL	BCFGKLPQ	ABCFGIJLQ	BCDEFKLMOP	BCFHJKLMNQ	ABCDFGIJLMP			
概要信息	m	**0.182 9**	0.161 8	0.161 8	0.161 4	0.171	0.161 4			
	mf	0.183	0.161 9	0.161 9	0.161 5	0.171 1	0.161 5			
	q	0.147	0.147	0.147	0.147	0.147	0.147			
	融合	BCF	CFJ	ABCDE	BCFHJ	BCIJK	ABHKL	ACFGIK	**BCFHIKL**	ABCFHIKL
生产	m	0.111 3	0.001 3	0.001 3	0.083 4	0.001 3	0.001	0.001 3	**0.710 7**	0.088 3
	mf	0.106 3	0	0	0.078 4	0	0	0	0.700 7	0.083 3
	q	0.160 1	0.041 5	0.041 5	0.160 1	0.041 5	0.033 5	0.041 5	0.320 2	0.160 1
	融合	GHJN	BEGHJKN	CEGHJNO	CDEGHJKN	ABCDGHJKO	**ABCDEGHJKN**			
市场销售	m	0.013 5	0.232 7	0.162 2	0.249 4	0.058 2	**0.284**			
	mf	0.013 5	0.223 8	0.162 2	0.225 8	0.123 2	0.251 5			
	q	0.041 5	0.189 8	0.189 8	0.189 8	0.083	0.189 8			
	融合	ABFGKLM	**ABCFGHKM**	ABCDEFGHI	ABCEFGHIL	ABCDEFGHIM	ABCDEFGHKM			
产品竞争力	m	0.171 4	**0.194 2**	0.173 2	0.145 7	0.154	0.161 6			
	mf	0.171 5	0.194 3	0.173 3	0.145 8	0.154 1	0.161 7			
	q	0.144 8	0.144 8	0.144 8	0.144 8	0.144 8	0.144 8			

可见，产品竞争力属性集 A 中的绝大多数特征取自产品业务类属性特征，即抽取了评价产品竞争力的关键属性特征。因此，基于业务属性描述的产品知识元更适合于企业的产品知识元构建；而基于产品竞争力评价的产品属性集更适合描述其他市场参与者的产品知识元。

7.2.2　业务知识元的属性关系网络生成

业务知识元的不断完善，不仅支持知识元名称集和属性集的更新，还支持不同业务知识元的业务指标间映射关系集的更新。然而，由于认知的局限性，业务关键指标属性要素的描述，特别是跨业务领域的指标间关联关系的融合与生成有待进一步挖掘。为简化知识元体系结构以减少冗余知识对资源造成的浪费，业务指标属性关系的知识表示仅考虑要素间的直接关系。以下以销售和财务业务知识元属性集 A_F^{ou} 中的"关键指标"要素关系融合为例，揭示业务指标属性间的关系网络构建机理。

1. 数据源的选取与数据预处理

如前所述，不同业务知识元间的属性集 A^I，A^S 和 A^O 促成了知识元关系网络的自动生成，从而以结构化的形式揭示了业务知识元内部及跨业务知识元间的关键指标属性关联的关系。本实例从智库百科中人工抽取了有关企业财务能力评价中关于销售业务与财务业务之间的关键特征要素及其关联关系，并按照企业业务知识元的属性集结构进行描述，如表 7.4 所示，加粗显示了销售与财务业务知识元网络的纽带属性。

表 7.4 财务与销售业务关系知识元的属性集合示例

知识元	A^I	A^S	A^O	$f_r\left(A^I\right)=A^O$
销售业务知识元	市场总份额	销售量	销售额/销售量	年销售额（实际）/销售量
		实际年销售额	年销售增长率	（当前销售额−上一年销售额度）÷上一年销售额度×100%
		计划年销售额	销售计划达成率	年销售额（实际）÷年销售额（计划）×100%
		实际销售费用	销售费用节省率	[销售费用（预算）−销售费用（实际）]÷销售费用（预算）×100%
		计划销售费用	销售回款率	回款额（实际）÷回款额（计划）×100%
		实际回款额	客户满意度	客户满意户数/全部客户数
		计划回款额	市场占有率	销售量/市场总份额
		全部客户数	**实际年销售额**	
		客户满意户数	**实际销售费用**	
			计划销售费用	
			实际回款额	
财务业务知识元	**实际年销售额**	资产总额	总资产报酬率	（利润总额+利息支出）÷资产总额×100%
	实际销售费用	净资产	净资产收益率	净利润÷净资产×100%
	计划销售费用	净利润	资产负债率	负债总额÷资产总额×100%
	实际回款额	利息支出	总资产周转率	年销售额（实际）÷资产总额×100%
	所得税率	成本总额	主营业务利润率	主营业务利润÷主营业务收入×100%
	销售成本	利润总额	成本费用利用率	利润总额÷成本总额×100%
	管理费用	负债总额	财务预算	销售费用（预算）+其他预算

续表

知识元	A^I	A^S	A^O	$f_r\left(A^I\right)=A^O$
财务业务知识元	汇兑损失	主营业务收入	财务费用	利息支出+汇兑损失+其他手续费
	其他手续费	主营业务利润		净利润＝利润总额×（1－所得税率）
	工厂成本			成本总额＝销售成本+销售费用+管理费用+财务费用
	其他预算			销售成本＝工厂成本+销售费用

2. 跨业务指标属性关系网络生成的基本过程

两项业务知识元属性状态集合分别表示为 $A_1^s=\{a_1,\cdots,a_p\}$ 和 $A_2^s=\{b_1,\cdots,b_q\}$。假设存在以下业务指标间的多重关系，表示为 $r:A_r^I\to A_r^O$ 的形式，如 $r_1:(a_1,a_2)\to a_3$，$r_2:(b_1,b_2,b_3)\to b_4$ 为同一业务知识元内部属性间关联关系，$r_3:(a_3,a_4)\to b_4$ 为不同业务知识元属性间关联关系，则可得到 $A_1^O=\{a_3,a_4\}$，$A_2^I=\{a_3,a_4\}$。

此时，更新的属性集合 $A_2=\{a_3,a_4|b_1,\cdots,b_q\}$，关系集为

$$R_2=\begin{bmatrix}(a_3,a_3) & - & - & - & - & (b_4,a_3) & \cdots & - \\ - & (a_4,a_4) & - & - & - & (b_4,a_4) & \cdots & - \\ - & - & (b_1,b_1) & - & - & (b_4,b_1) & \cdots & - \\ - & - & - & (b_2,b_2) & - & (b_4,b_2) & \cdots & - \\ - & - & - & - & (b_3,b_3) & (b_4,b_3) & \cdots & - \\ (a_3,b_4) & - & (b_1,b_4) & (b_2,b_4) & (b_3,b_4) & (b_4,b_4) & \cdots & - \\ \cdots & \cdots & \cdots & \cdots & \cdots & \cdots & \cdots & \cdots \\ - & - & - & - & - & - & - & (b_q,b_q)\end{bmatrix}$$

由此生成了业务知识元的关键指标属性关系网络。若另一业务知识元具有关键指标属性集合 $A_3^s=\{c_1,c_2,\cdots,c_m\}$，存在跨业务、指标关联关系 $r_4:b_4\to c_1$，则可进一步完善属性集 $A_2=\{a_3,a_4|b_1,\cdots,b_q|b_4\}$，$A_3=\{b_4|c_1,\cdots,c_m\}$。同理，关系集 R_2 和 R_3 也将进行重构以实现两个知识元的属性关系网络的描述。

3. 财务与销售业务指标属性关系网络的生成结果分析

如表 7.4 所示，由于销售业务知识元的输出属性集 A_s^O 与财务业务知识元的输入属性集 A_f^I 存在 $A_s^O\cap A_f^I=\{$年销售额（实际），销售费用（实际），销售费用（预算），回款额（实际）$\}$，实际操作时可以采用情报元相似度分析进行两属性集交叉内容的分析。上述 4 个指标均属于一级属性，还可以从 $f_r\left(A^I\right)=A^O$ 中进

一步将 A^O 细分为 A^S 影响因素,即二级属性及其存在的关联关系等,从而生成如图 7.2 所示的层次网络形态的业务指标属性关联关系,其中既展示了同一业务知识元内部属性关系,也呈现了两个业务知识元间的业务指标属性关系。

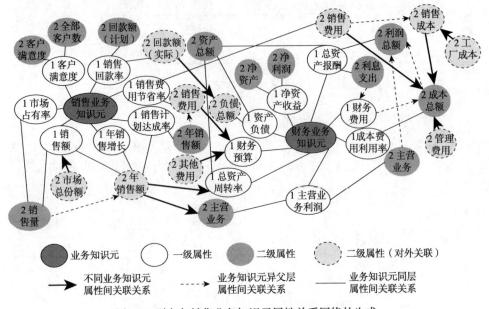

图 7.2 财务与销售业务知识元属性关系网络的生成

由此可见,通过销售业务知识元的输出属性集与财务业务知识元的输入属性集构建了跨业务领域的情报知识描述,并基于关系函数中二级属性指标间的定量关系实现了两个业务知识元属性间的直接关联关系的细粒度刻画,体现了情报知识元属性关系网络生成的可行性和扩展性。

7.2.3 企业优势及劣势情报先验知识的生成

本实例主要针对企业 A 开展战略竞争情报的收集与融合分析,为决策者进行战略决策提供竞争情报及知识支持。先验知识是确定情报描述对象及其特征要素的主要依据。本小节仅就企业 A 的优势和劣势相关先验知识生成过程进行实例说明。

1. 数据源的选取与数据预处理

根据路坤(2013)的案例,针对企业 A 2013 年 SWOT 战略分析中的优势要素进行关键特征要素、情报知识元和战略影响要素特征属性的抽取,如表 7.5 所示。虽然战略影响要素的特征筛选有待完善，但先验知识的基本框架已较为清晰。同理可完成如表 7.6 所示的劣势要素分析及战略影响要素抽取，并通过融合获取细化的战略影响要素，由此生成先验知识。

表 7.5　企业优势分析的战略影响要素特征属性

S	描述	关键特征要素	情报知识元				战略影响要素		
1	产能大大增强	产能	生产能力	产品	实体资源	人力资源	投入设备	投入劳力	产品产量
2	先进的生产管理体系	生产管理体系	生产能力	生产业务					
3	全过程销售服务体系	销售服务体系	销售业务						
4	采用驻厂跟踪服务方式	跟踪服务	销售能力	销售业务					
5	客户资源优质	客户资源	销售能力	产品	客户				
6	具有优秀的专职营销人员	营销人员	人力资源	销售业务			营销人员		
7	管理团队行业经验丰富	主要管理团队	人力资源				管理人员		
8	丰富的研发和设计经验	研发和设计	研发能力	技术资源			研发人员	研发成果	研发投入
9	广泛的科研院所合作基础	科研院所合作	研发能力	技术资源	合作伙伴				
10	相对高素质的技术队伍	技术队伍	研发能力	人力资源	技术资源		研发人员	研发机构	
11	充足的流动资金	流动资金	财务能力	财务资源			流动资金		
12	上市后公司融资渠道拓宽	融资能力	财务能力	财务资源			融资方式	融资金额	

表 7.6　企业劣势分析的战略影响要素特征属性

W	描述	关键特征要素	情报知识元			战略影响要素		
1	人均产能仍差距明显	人均产能	生产能力	人力资源		人均产量		
2	对生产成本的控制要求高	生产成本	生产能力	产品	供应商	生产成本	原材料价格	
3	造成产品交货周期较长	交货周期	生产能力	生产业务		交货周期		
4	产品市场占有率低	市场占有率	产品	销售能力		市场占有率		
5	在议价方面不占优势	价格	产品			产品价格		
6	产品售后服务费用由公司承担	售后服务成本	销售能力	销售业务		售后服务成本		
7	研发人员缺乏	研发人员	人力资源	研发能力	技术资源	研发人员	研发机构	
8	人员素质整体偏低	人员素质	人力资源			教育水平	工作业绩	
9	核心技术研发能力十分薄弱	核心技术	研发能力	技术资源		核心技术	研发成果	研发机构

续表

W	描述	关键特征要素	情报知识元			战略影响要素	
10	产品开发技术水平差距较大	研发技术	研发能力			核心技术	研发技术
11	公司资产和业务规模较小	资产业务规模	实体资源	人力资源	销售能力	总资产	主营业务收入
12	产品销售利润率很低	销售利润率	销售能力	销售业务			

2. 结果分析

如表 7.7 所示，按照市场参与者所对应的企业知识元结构进行了先验知识重组（其中正常字体对应 S 要素，加粗且有下划线对应 W 要素，加粗对应 S&W 要素）。如此生成基于战略情报先验知识，一方面，由于情报片段的内容描述多聚焦于企业主体；另一方面，有利于提高基于先验知识的情报片段情报元的抽取效率。企业 SWOT 情报元的组织就是基于表 7.5 和表 7.6 基本结构的知识元相关特征属性的状态赋值描述。

表 7.7　基于企业优势及劣势分析的先验知识特征要素

先验知识类型	知识元	属性特征要素					
产品	产品	产品名称	人均产量	**生产成本**	**原材料价格**	**市场占有率**	**产品价格**
企业主体	客户						
	合作伙伴						
	供应商						
企业资源	人力资源	生产人员	营销人员	管理人员	**研发人员**	**教育水平**	**工作业绩**
	实体资源	生产设备					
	财务资源	流动资金	**研发投入**	融资方式	融资金额	**总资产**	
	技术资源	**研发人员**	研发成果	**研发投入**	研发机构	**核心技术**	
企业能力	生产能力	产量	生产业务流程	**交货周期**			
	销售能力	销售业务流程	**市场占有率**	**售后服务成本**	**主营业务收入**		
	研发能力	**研发成果**	**研发机构**				

7.3　多源情报片段融合与情报元重构实例

7.3.1　多源情报片段中的产品情报元相似度融合

当产品情报元从多个数据源中被抽取出来后，通过相似度融合方法能够过滤冗余和干扰数据，为情报的关系融合提供数据支撑。本小节实例研究主要针对取自企业 C 内外部不同情报源收集的产品情报元，按照两次相似度分析进行情报元的初步提纯，以验证本书提出的基于情报元相似度的多源情报片段融合方法的有效性。

1. 数据源的选取与数据预处理

本实例中，针对企业 C 的产品情报元的数据来源包括该企业的内部产品资料、调查访谈资料及企业官网等。其中，企业内部情报片段中的产品情报元的非空属性要素描述如表 7.8 所示，特征要素 $\left[F_c^1, F_t^1, F_p^1\right] = [\text{CPJS}, 20161015, 01\_\text{ID}]$。从外部网络中收集到的两个情报片段情报元属性要素如表 7.9 所示，特征要素分别为 $\left[F_c^2, F_t^2, F_p^2\right] = [\text{CPJS}, 20161015, 15\_\text{FW}]$ 和 $\left[F_c^3, F_t^3, F_p^3\right] = [\text{CPJS}, 20161015, 15\_\text{FW}]$。

表 7.8　企业内部产品情报元属性要素

序号	概要信息				技术性能			生产	市场销售						财务		
	产品编号	产品名称	所属类别	上市时间	核心技术	专利	设计团队	生产资料	市场定位	目标客户群体	地区	现有客户	销售价格	单位成本	单位利润
1	102011001	1_OAS	10201CO	200109	RNM、OAP、CA、NOTES	SIFES	D&R、EG Group	OAP	MG	G、U	NE-LN-DL	DLSW	89	88	1
2		1_OAS	10201CO	200111	RNM、OAP、CA、NOTES	SIFES	D&R、EG Group	OAP	MG	G、U	HE-ZJ-HZ	DLSZF	91	88	3
3	102011002	1_OAS	10201CO	200203	RNM、OAP、CA、NOTES	SIFES	D&R、EG Group	OAP	PG	G	NE-LN	LNSW			
4	102011002	1_OAS	10201CO	200207	RNM、OAP、CA、NOTES	SIFES	D&R、EG Group	OAP	PG	G	NE-LN	LNSZF			
5		1_OAS	10201CO	200301	RNM、OAP、CA、NOTES	SIFES	D&R、EG Group	OAP	MG	G、U	NE-LN-SY	HZSZF			
6		1_OAS	10201CO	200301	RNM、OAP、CA、NOTES	SIFES	D&R、EG Group	OAP	MG	G、U	NE-LN-FS	SYSZF			

续表

序号	概要信息				技术性能			生产	市场销售					财务		
	产品编号	产品名称	所属类别	上市时间	核心技术	专利	设计团队	生产资料	市场定位	目标客户群体	地区	现有客户	销售价格	单位成本	单位利润
7		1_OAS	10201_CO		RNM、OAP、CA、NOTES	SIFES	D&R、EG Group	OAP	MG	G、U		FSSZF			
8	102011003	1_OAS	10201_CO	201501	RNM、OAP、CA、NOTES	SIFES	D&R、DS Group	OAP	U	G、U	NE-LN-DL	DLL GDX			
9	102011003	1_OAS	10201_CO	201601	RNM、OAP、CA、NOTES	SIFES	D&R、DS Group	OAP	U	G、U	NE-LN-DL	DLDX			

表 7.9　企业外部产品情报元属性要素

序号	概要信息			技术性能		生产	市场销售			
	产品名称	所属类别	产品特性	核心技术	专利	生产资料	市场定位	目标客户群体	地区	现有客户
1	1_DSS	10202_CO		RNM、OAP、CA、DSS	SIFES	OAP、DSS	CG	G	BJ	GWYBGT
2	1_OAS	10201_CO		RNM、OAP、CA、NOTES	SIFES	OAP	PG	G	NE-LN	LNSW
3	1_OAS	10201_CO		RNM、OAP、CA、NOTES	SIFES	OAP	PG	G	NE-LN	LNSZF
4	1_OAS	10201_CO		RNM、OAP、CA、NOTES	SIFES	OAP	MG	G、U	HE-ZJ-HZ	HZSZF
5	1_OAS	10201_CO		RNM、OAP、CA、NOTES	SIFES	OAP	MG	G、U	NE-LN-SY	SYSZF
6	1_OAS	10201_CO		RNM、OAP、CA、NOTES	SIFES	OAP	MG	G、U	NE-LN-DL	DLSW
7	1_OAS	10201_CO		RNM、OAP、CA、NOTES	SIFES	OAP	MG	G、U	NE-LN-DL	DLSZF
8	1_OAS	10201_CO		RNM、OAP、CA、NOTES	SIFES	OAP	MG	G、U	NE-LN-AS	ASSW
9	1_OAS	10201_CO		RNM、OAP、CA、NOTES	SIFES	OAP	MG	G、U	NE-LN-FS	FSSZF
10	1_OAS	10201_CO		RNM、OAP、CA、NOTES	SIFES	OAP	MG	G、U	NE-LN-JZ	JZSZF
11	1_OAS	10201_CO	Doc_MGMT、Info_Portal、Daily_office				PG	G、U	HE0JS-SZ	XZSZF
12	1_OAS	10201_CO	Doc_MGMT、Info_Portal、Daily_office				PG	G、U	NE-HLJ	HLJSWXCB

续表

序号	概要信息			技术性能		生产	市场销售			
	产品名称	所属类别	产品特性	核心技术	专利	生产资料	市场定位	目标客户群体	地区	现有客户
13	1_OAS	10201_CO	Doc_MGMT、Info_Portal、Daily_office				PG	G、U	HN-HN	HNSJTT
14	1_OAS	10201_CO	Doc_MGMT、Info_Portal、Daily_office				PG	G、U	SH	SHSWDX

2. 结果分析

由表 7.10 的情报片段特征要素相似度分析可知，片段 1 和片段 2 的情报元可以进行相似度融合。由于片段 1 中情报元属性描述结构化程度很高，可以先对该片段中的情报元进行融合得到如表 7.11 所示的 3 个情报元（其中，设相似度阈值 $\mu=0.6$），合并属性内容用阴影填充。同理，片段 2 也可以做内部情报元的相似度预处理，如表 7.12 所示。如此，减少了两个片段情报元相似度分析的工作量，再进行相似度计算后融合为 5 个情报元，结果如表 7.13 所示。由此完成了多源情报片段的相似产品情报元的融合处理。

表 7.10　竞争情报片段三大特征要素间的相似度分析

Sim	Fc			Ft			Fp		
	1	2	3	1	2	3	1	2	3
1	1	1	1	1	1	1	1	1	0
2	1	1	1	1	1	1	1	1	0
3	1	1	1	1	1	1	0	0	1

表 7.11　同一竞争情报片段内的情报元相似度融合（一）

Sim	序号	概要信息				技术性能			生产资料	市场定位	目标客户	地区	现有客户	销售价格	单位成本	单位利润
		产品编号	产品名称	所属类别	上市时间	核心技术	专利	设计团队								
0.6~0.86	1 2 5 6 7	10201 1001	1_OAS	10201 _CO	200109、200111、200301、200301	RNM、OAP CA、NOTES	SIFES	D&R、EG Group	OAP	MG	G、U	NE-LN-DL、HE-ZJ-HZ、NE-LN-SY、NE-LN-FS	DLSW、DLSZF、HZSZF、SYSZF、FSSZF	89、91	88、88	1、3

续表

Sim	序号	概要信息				技术性能			生产资料	市场定位	市场销售				财务	
		产品编号	产品名称	所属类别	上市时间	核心技术	专利	设计团队			目标客户	地区	现有客户	销售价格	单位成本	单位利润
0.83	3 4	10201 1002	1_OAS	10201 _CO	200203、200207	RNM、OAP、CA、NOTES	SIFES	D&R、EG Group	OAP	PG	G、U	NE-LN	LNSW、LNSZF			
0.83	8 9	10201 1003	1_OAS	10201 _CO	201501、201601	RNM、OAP、CA、NOTES	SIFES	D&R、DS Group		U	G、U	NE-LN-DL	DLLGDX、DLDX			

表 7.12　同一竞争情报片段内的情报元相似度融合（二）

Sim	序号	概要信息			技术性能		生产资料	市场销售			
		产品名称	所属类别	产品特性	核心技术	专利		市场定位	目标客户	地区	现有客户
0.89	1	1_DSS	10202 CO		RNM、OAP、CA、DSS	SIFES	OAP、DSS	CG	G	BJ	GWYBGT
	2 3	1_OAS	10201 CO		RNM、OAP、CA、NOTES	SIFES	OAP	PG	G	NE-LN	LNSW、LNSZF
0.78	4 5 6 7 8 9 10	1_OAS	10201 CO		RNM、OAP、CA、NOTES	SIFES	OAP	MG	G、U	HE-ZJ-HZ、NE-LN-SY、NE-LN-DL、NE-LN-AS、NE-LN-FS、NE-LN-JZ	HZSZF、SYSZF、DLSW、DLSZF、ASSW、FSSZF、JZSZF
0.71	11 12 13 14	1_OAS	10201 CO	Doc_MGMT、Info_Portal、Daily_officeL				PG	G、U	HE-JS-XZ、NE-HL、HN-HN、SH	XZSZF、HLJSWXCB、HNSJTT、SHSWDX

表 7.13　不同竞争情报片段间的情报元相似度融合

概要信息					技术性能			生产资料	市场定位	市场销售			财务		
产品编号	产品名称	所属类别	上市时间	产品特性	核心技术	专利	设计团队			目标客户	地区	现有客户	销售价格	单位成本	单位价格
12001 1001	1_DSS	10202_CO			RNM、OAP、CA、DSS	SIFES		OAP	CG	G	BJ	GWYBGT			
10201 1002	1_OAS	10201_CO	200109、200111、200301、200301		RNM、OAP、CA、NOTES	SIFES	D&R EG Group	OAP	MG	G、U	NE-LN-DL、HE-ZJ-HZ、NE-LN-SY、NE-LN-FS	HZSZF、SYSZF、DLSW、DLSZF、ASSW、FSSZF、JZSZF	89、91	88、88	1、3
10201 1003	1_OAS	10201_CO	200203、200207		RNM、OAP、CA、NOTES	SIFES	D&R EG Group	OAP	PG	G	NE-LN	LNSW、LNSZF			
10201 1004	1_OAS	10201_CO	201501、201601		RNM、OAP、CA、NOTES	SIFES	D&R EG Group	OAP	U	G、U	NE-LN-DL	DLLGDX、DLDX			
10201 1005	1_OAS	10201_CO		Doc_MGMT、Info_Portal、Daily_office					PG	G、U	HE-JS-XZ、NE-HL、HN-HN、SH	XZSZF、HLJSWXCB、HNSJTT、SHSWDX			

7.3.2　基于相似度的企业优势要素情报元重构

本实例以 7.2.3 小节的内容为基础，基于优势要素先验知识针对企业 A 及其竞争对手企业 B 开展相关情报元的融合与重构，目的是形成现有竞争态势下的企业 A 的优势情报元的序化与重构及其与企业 B 的竞争态势对比。先验知识构建参考了 2013 年企业 A 的 SWOT 竞争态势分析情况，通过更新相关情报要素以跟踪竞争态势的发展规律，为基于竞争态势分析的战略决策情报融合提供最新的数据支撑。

1. 数据源的选取与数据预处理

根据先验知识分别从深交所官网中收集企业 A 和企业 B 的 2017 年半年报和 2016 年年报，共计 4 个相关主题的竞争情报片段进行深入分析。其中，两家企业年报中的核心竞争力部分均被视为各自的企业优势描述，且由于这些情报均取自官方途径，信源可信度为 1。从情报片段中抽取的关键特征要素如表 7.14 所示（省略空值属性）。

表 7.14　竞争情报片段的关键特征要素抽取

Sim	F_t	F_c	F_p
1	2017.8	DLZG2017 年半年度报告	DLZG
2	2017.8	TQQ2017 年半年度报告	TQQZ
3	2017.4	DLZ2016 年年度报告	DLZG
4	2017.4	TQQ2016 年年度报告	TQQZ

2. 结果分析

步骤 1：主题 F_c、时间 F_t、主体 F_p 相似度计算如表 7.15 所示，消除冗余，片段全部保留。若 $\mathrm{Sim}\left(F_t^i, F_t^j\right) \neq 1(1 \leqslant i, j \leqslant 6)$，则两片段无须合并，不比较 F_p 和 F_c 相似度（显示为 null）；若 $\mathrm{Sim}\left(F_t^i, F_t^j\right) = 0(1 \leqslant i, j \leqslant 6)$，也不需要进行 F_c 相似度计算（显示为 null）。

表 7.15　情报片段的三个特征要素相似度分析

相似度	1			2			3			4		
	F_t	F_p	F_c	F_t	F_p	F_c	F_t	F_p	F_c	F_t	F_p	F_c
1	1	1	1	null	null	null	null	null	null	null	null	null
2	1	0	null	1	1	1	null	null	null	null	null	null
3	0	null	null	0	null	null	1	1	1	null	null	null
4	0	null	null	0	null	null	1	0	null	1	1	1
综合结果	0	null	null	0	null	null	0	null	null	0	null	null

步骤 2：根据 F_p 调用现有情报片段库中的情报元，假设仅有一个情报片段 F_0，且 $\left[F_t^0, F_p^0, F_c^0\right] = [2013, \mathrm{TQQZ}, \mathrm{strength}]$，设时间跨度 $\tau = 12$（月），$t_0 = 2\,013.6$，则新片段的情报元相似度分析结果与表 7.14 最后一行一致，即无须合并。

步骤 3：按照先验知识提取情报片段的情报元，如表 7.16 和表 7.17 所示。

表 7.16　情报片段情报元属性特征提取（一）

知识元		企业 B 属性特征要素-取值	
	时间	2017 年 8 月	2017 年 4 月
产品	产品名称	JJJX、GKJX、QZJX、SLZXJX、NYZB、CDKZXT、CYLBJ、GCJX、HGJX	JJJX、GKJX、QZJX、SLZXJX、NYZB、CDKZXT、CYLBJ、GCJX、HGJX
	产量	DXCYQZ：500 支	DXCYQZ：500 支
客户		30 家央企	30 家央企
合作伙伴		ZGZG、DLHSDX	ZGZG、DLHSDX
人力资源	生产人员	JJNRC：115；GJJNDSLBR：2	JJNRC：115；GJJNDSLBR：2
	研发人员	GWYTSJT：15；SBQWRC：14	总数：542；人数占比：9.18%；GWYTSJT：15；SBQWRC：14
财务资源	流动资金	1 105 855 452.46 元	1 002 413 141.97 元
	研发投入	11 017 309.66 元	总金额：319 260 538.40 元；占营收比：4.96%
	融资方式		银行借款
	融资金额		尚未使用额度：1 888 980 000 元
技术资源	研发人员	GWYTSJT：15；SBQWRC：14	总数：542；人数占比：9.18%；GWYTSJT：15；SBQWRC，14
	研发成果	国家课题：多项；JDY 设计能力；HJFSQDT	国家课题：多项；JDY 设计能力；HJFSQDT
	研发投入	11 017 309.66 元	总金额：319 260 538.40 元；占营收比：4.96%
	研发机构	ZBYF：1；ZYSJY：9	ZBYF：1；ZYSJY：9
生产能力	产量	DXCYQZ：500 支	DXCYQZ：500 支
研发能力	研发成果	国家课题：多项；JDY 设计能力；HJFSQDT	国家课题：多项；JDY 设计能力；HJFSQDT
	研发机构	ZBYF：1；ZYSJY：9	ZBYF：1；ZYSJY：9

表 7.17　情报片段情报元属性特征提取（二）

知识元		TQQZ 属性特征要素-取值	
	时间	2017 年 8 月	2017 年 3 月
产品	产品名称	YSZB、WLBYZB、FDSB、XBJX	YSZB、WLBYZB、FDSB、XBJX
	产量		FDSB：149 台；WLBYSB：415 台；XMSB：29 台；YSSB：5 台
客户			国内大中型企业

续表

知识元		TQQZ 属性特征要素-取值	
	时间	2017 年 8 月	2017 年 3 月
人力资源	研发人员		总数：304；人数占比：20.82%；
实体资源	生产设备	DXJGZZCJ、GJDSKZX、DXYCLSB、 PSF、ZYSYSS、HHJGJC	DXJGZZCJ、GJDSKZX、DXYCLSB、 PSF、ZYSYSS、HHJGJC
财务资源	流动资金	116 911 892.56 元	178 218 910.71 元
	研发投入	19 000 867.92 元	总金额：86 328 030.19 元； 占营收比：6.97%
技术资源	研发人员		总数：304；人数占比：20.82%；
	研发成果	发明专利：多项； 软件著作权：多项； 高新产品：多项； TDJQZJ：国内首创； ZDHXXHRHJS	发明专利：多项； 软件著作权：多项； 高新产品：多项； TDJQZJ：国内首创； ZDHXXHRHJS
	研发投入	19 000 867.92 元	总金额：86 328 030.19 元； 占营收比：6.97%
	研发机构	SJJSZX、YSZJGZZ、SJGCJSZX	SJJSZX、YSZJGZZ、SJGCJSZX
生产能力	产量		FDSB：149 台； WLBYSB：415 台； XMSB：29 台； YSSB：5 台
研发能力	研发成果	发明专利：多项； 软件著作权：多项； 高新产品：多项； TDJQZJ：国内首创； ZDHXXHRHJS	发明专利：多项； 软件著作权：多项； 高新产品：多项； TDJQZJ：国内首创； ZDHXXHRHJS
	研发机构	SJJSZX、YSZJGZZ、SJGCJSZX	SJJSZX、YSZJGZZ、SJGCJSZX

　　根据上述结果，可以看到企业 A 的优势项目各战略影响要素的变化情况（表 7.18），以及与竞争对手企业 B 发展态势的比较（表 7.19），两表中的空值结果未显示。由此实现了竞争态势的情报跟踪，有助于企业重新评估企业的竞争优势。

表 7.18 优势要素情报元的重构（一）

S	时间	战略影响要素		
		投入设备	投入劳力	产品产量
1	2014 年 3 月	DXCTWLBYSBXM、 QMSQZSBXM、QZHXLBJXM、 ZXJGCJ、FJXLCJ、DQZPCJ、 MDCJ	总数：562； 占比：48.32%	QZHY：232 台； XMHY：128 台
	2017 年 3 月	DXJGZZCJ、GJDSKZX、 DXYCLSB、PSF、ZYSYSS； HHJGJC		FDSB：149 台； WLBYSB：415 台； XMSB：29 台； YSSB：5 台
	2017 年 8 月	DXJGZZCJ、GJDSKZX、 DXYCLSB、PSF、ZYSYSS； HHJGJC		

续表

S	时间	战略影响要素		
2		生产业务流程		
	2017 年 3 月	自动化无人值守作业、远程监控、车间安全管理、信息化管理		
	2017 年 8 月	自动化无人值守作业、远程监控、车间安全管理、信息化管理		
3		销售业务流程		
	2014 年 3 月	直接销售、驻厂跟踪服务		
	2017 年 3 月	驻厂跟踪服务		
4		销售业务流程		
	2014 年 3 月	直接销售、驻厂跟踪服务		
	2017 年 3 月	驻厂跟踪服务		
5		客户资源		
	2014 年 3 月	HLASE、ZLGJSB、ZLGJGF、BJJDKJ、KMYSYJ、JYDL		
	2017 年 3 月	国内大中型企业		
6		营销人员		
	2014 年 3 月	总数：77；占比：6.62%		
7		管理人员		
	2014 年 3 月	总数：411；占比：35.34%		
8		研发人员	研发成果	研发投入
	2014 年 3 月	总数：92；占比：7.91%	专利：9；KJBZXQYJSCXJJ：1；DJTZYQZJ；HLXCOSQZJ；JYSXCOSQZJ	总金额：28 072 744.1 元；占营收比：6.07%
	2017 年 3 月	总数：304；人数占比：20.82%	发明专利：多项；软件著作权：多项；高新产品：多项；TDJQZJ：国内首创；ZDHXXHRHJS	总金额：86 328 030.19 元；占营收比：6.97%
	2017 年 8 月		发明专利：多项；软件著作权：多项；高新产品：多项；TDJQZJ：国内首创；ZDHXXHRHJS	总金额：19 000 867.92 元
9		合作伙伴		
	2014 年 3 月	HNGYDX、SCGS		

S	时间	战略影响要素		
		研发人员	研发机构	
10	2014 年 3 月	总数：92； 占比：7.91%	SJGCJSZX、SJQYJSZX、SJQZGCZX、HNSYJWUBYGCZX	
	2017 年 3 月	总数：304； 人数占比：20.82%	SJJSZX、YSZJGZZ、SJGCJSZX	
	2017 年 8 月		SJJSZX、YSZJGZZ、SJGCJSZX	
11		流动资金		
	2014 年 3 月	60 041 594.17 元		
	2017 年 3 月	178 218 910.71 元		
	2017 年 8 月	116 911 892.56 元		
12		融资方式	融资金额	
	2014 年 3 月	普通股股票	780 000 000.00 元	

表 7.19　优势要素情报元的重构（二）

S	企业	战略影响要素		
		投入设备	投入劳力	产品产量
1	B		高技能人才：115； 国家技能大师工作室领办人：2； 全国技术能手称号：5； 省技术能手等称号：15	DXCYQZ：500 支
	A	DXJGZZCJ、GJDSKZX、DXYCLSB、PSF、ZYSYSS、HHJGJC		FDSB：149 台； WLBYSB：415 台； XMSB：29 台； YSSB：5 台
2		生产业务流程		
	B			
	A	自动化无人值守作业、远程监控、车间安全管理、信息化管理		
3		销售业务流程		
	B			
	A	驻厂跟踪服务		
4		销售业务流程		
	B			
	A	驻厂跟踪服务		
5		客户资源		
	B	30 家央企		
	A	国内大中型企业		

续表

S	企业	战略影响要素		
		研发人员	研发成果	研发投入
8	B	总数：542； 人数占比：9.18%； 国务院特殊津贴获得者：15； 省百千万人才工程：14	国家课题：多项； JDY 设计能力； HJFSQDT	总金额：319 260 538.40 元； 占营收比：4.96%
	A	总数：304； 人数占比：20.82%	发明专利：多项； 软件著作权：多项； 高新产品：多项； TDJQZJ：国内首创； ZDHXXHRHJS	总金额：86 328 030.19 元； 占营收比：6.97%
9		合作伙伴		
	B	ZGZG、DLHSDX		
	A			
10		研发人员	研发机构	
	B	国家课题：多项； JDY 设计能力； HJFSQDT	总部研发机构：1； 专业设计院：9； 实验室或实验所：7； BMJS 实验室； 海外研发中心：1； 国家级研究机构：FDCD 研究中心； XBS 院士工作站	
	A	总数：304； 人数占比：20.82%	省级技术中心、院士专家工作站、省级工程技术研究中心	
11		流动资金		
	B	1 002 413 141.97 元		
	A	2017.3	178 218 910.71 元	
12		融资方式	融资金额	
	B	银行借款	尚未使用额度：1 888 980 000 元	
	A			

3. 结果分析

企业竞争角色关系基于情报元属性关系网络的生成得以呈现，如图 7.3 所示。以产品"HS"为中心扩展企业现有的客户资源网络满足 $r: a_f^n \rightarrow a_p^c$，其中，$a_f^n$ 为企业概要情报元的客户企业名称，a_p^c 表示产品商业关系属性中的客户，且有 $a_f^n \in A_p^I$（A_p^I 为"HS"产品情报元的输入属性集）。

7.4　基于情报元关系的战略竞争情报融合实例

7.4.1　基于情报元关系的企业竞争角色情报融合

本书将其他市场参与者的竞争角色关系均视为企业待辨识关系，以产品情报元为中心构建竞争角色关系情报元网络，进一步挖掘潜在客户、供应商及合作者。事实上，除了通过产品知识元的"现有商业关系"属性描述显性的客户、供应商、竞争对手和合作伙伴外，还可以通过名称集、属性集的所属类别、生产材料、原材料、核心技术等属性特征要素来挖掘潜在的竞争对手、客户和合作企业。

本实例的研究目的在于通过对供应商企业 D 的现有竞争角色关系的情报融合，将与其有直接关联关系的企业主体纳入企业 A 的竞争角色关系描述体系中，以进一步丰富情报收集目标并借此发现潜在的商机或威胁。

1. 数据源的选取与数据预处理

本实例针对企业 D 生产的产品"HS"进行竞争情报收集，数据均来自第三方服务商网站，利用网络爬虫工具搜索相关产品情报并抽取产品情报元。针对企业 D 及提供同类产品的 3 家竞争对手得到如表 7.20 所示的产品情报元属性集描述。可以看出，由于同属类别的产品名称各异，虽然多数命名包含类别的关键字，但文本长度各异，因此进行产品名称的单一文本字符串相似度分析并不能取得良好效果。仅当产品所属类别不明确或不完备的情况下，才考虑进行产品名称的文本相似度比较。

表 7.20　各企业情报元的竞争角色关系属性描述

企业名称	产品名称	所属类别	客户	生产资料	供应商	核心技术	合作伙伴
D	6AT-HS	HS	CA、ZT、MZD、FT、LM、JL、DZ、HCAFDJ、SLFDJ	RJBHL、X-RAYGYWUTSJ、800T、SZB、GPFXY、CSSB、SKCC、XGSPWJ、YZJ-400t、QZJ			
SDJM	ZXHS	HS	DGZF、KLSL、RDHD、HRS、DGMLBE、YQDZ、DFRC、ZGZQ、QR	RMDYLJ、DGCDYMDC、TWCGSJMWRDYJ、RCLBHQFLXL、KKQFXSDYL、BHQFDWZHL、HHZDGPY	TWHYJX	QGLWJ、CYQJSYJ、KZSWFHMJ、JCZB	SDQY、SDRM、SDDX、BJJD、QDKD
ZQBT	HS	HS	DFBT、GQBT、BOSC、DELP、TRD	KSFXGPY、BMCCDY、F11XZCDY、SZBCLY、WBTYY			

续表

企业名称	产品名称	所属类别	客户	生产资料	供应商	核心技术	合作伙伴
HNJB	HS-YC、HS-CA、HS-IVE	HS	GXYC、SDWC、CQKMS、ZC、NJYWK、HBCY、HBCY、SXCY、DLCY、YQXC、YC、YT、CZHC、JC、WC、HC	ZDKZXYJYH、SMHYJY、SSHMYSJ、LQGPFXY、HSZHJCY、HSZHCLY、HSZHCLY、HSXKTC、HSWYCC、HSWYCLY、HSSYT、FCCSCLY、CSPTSY、X-GTSY、HSDZSHJJ	MGWLA	TXNT、QSM、TYYJ、NLQY	

2. 结果分析

企业竞争角色关系基于情报元属性关系网络的生成而得以呈现,如图 7.3 所示。以产品"HS"为中心扩展企业现有的客户资源网络满足 $r : a_f^n \rightarrow a_p^c$,其中,$a_f^n$ 为企业概要情报元的客户企业名称,a_p^c 表示产品商业关系属性中的客户,且有 $a_f^n \in A_p^I$ (A_p^I 为"HS"产品情报元的输入属性集)。明确企业主体的参与角色外,还可以根据其合作紧密度对其等级进行划分。本实例以针对企业 D 的竞争角色关系为例说明其归类规则如下,基本属性集中的相关特征要素如表 7.21 所示。

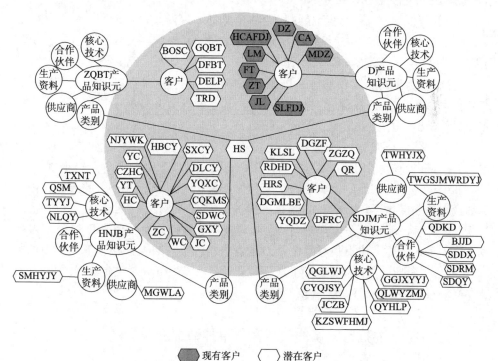

图 7.3 基于产品情报元网络的潜在客户关系融合

表 7.21　HS 类产品情报元的竞争角色关系属性集描述

关联企业	关联产品	企业名称	商业关系	等级
D	6A T-HS	SDJM、ZQBT、HNJB	Competitor	G1
D	6A T-HS	CA、ZT、MZD、FT、LM、JL、DZ、HCAFDJ、SLFDJ	Customer	G1
SDJM	ZXHS	DGZF、KLSL、RDHD、HRS、DGMLBE、YQDZ、DFRC、ZGZQ、OR	Customer	G3
ZQBT	HS	DFBT、GQBT、BOSC、DELP、TRD	Customer	G3
HNJB	HS-YC、HS-CA、HS-IVE	GXYC、SDWC、CQKMS、ZC、NYWK、HBCY、HBCY、SXCY、DLCY、YQXC、YC、YT、CZHC、JC、WC、HC	Customer	G3
SDJM	SKCC	TWHYJX	Supplier	G3
HNJB	GPY	MGWLA	Supplier	G3
SDJM	SDQY、SDRM、SDDX、BJJD、QDKD		Cooperator	G3

（1）由于另外的 SDJM、ZQBT、HNJB 3 家企业与企业 D 在"HS"类产品市场上处于竞争关系，且等级为 G_1，即核心竞争对手，因此其客户均视为企业 D 的潜在客户，而供应商中提供相似生产资料的为潜在供应商。若还能够深入挖掘出三家企业各自的竞争对手（企业名称集合记为 N_c），则若 N_c 中所有未被企业 D 辨识出的企业均视为其外围竞争对手（等级为 G_2）。

（2）若根据"HS"类产品收集到的企业主体为买方，即该产业链的下游企业，则该企业的"HS"类产品供应商归类为企业 D 的 G_2 类竞争对手，其竞争对手视为 G_3 类客户，其客户不进行辨识。

（3）若为生产资料供应方，即该产业链的上游企业，则该企业的"HS"类产品客户归类为企业 D 的 G_2 类竞争对手，其竞争对手视为 G_3 类供应商，其供应商不进行辨识。

（4）若为合作方，则需要界定合作处于产业链的上游（如技术研发合作），还是产业链的下游（如分销合作），分别根据（2）或（3）进行识别。

如果综合考虑产品的地域等特征要素（Shaokun et al., 2015）的解析，可以更细致地按照区域环境下的竞争角色等级进行识别；此外，基于产品定位特征的竞争对手、客户等商业角色辨识会使情报收集更加精准。由于企业 D 与企业 A 构成供应关系，按照上述规则可将企业 D 的竞争角色关系纳入企业 A 的待辨识竞争角色关系。特别是，作为企业 D 的 G_1 和 G_2 类客户，很有可能是企业 A 的现有或潜在竞争对手，也值得深入分析和追踪。

7.4.2　基于情报元关系的敏感竞争事件情报融合

本实例针对供应商企业 C 开展敏感竞争事件情报融合，一方面，实现对现有竞争角色关系企业的最新动向追踪，在关键竞争情报获取的时效性方面对 SWOT 态势情报进行有力补充；另一方面，力图帮助企业 A 拼合难以在单源情报片段中收集到的情报元，并通过事件链的多主体关系深入识别可能存在的潜在竞争角色关系。

1. 数据源的选取与数据预处理

对企业 C 的产品"MGIS"营销推广事件的竞争情报进行追踪，利用网络爬虫工具基于先验知识在 Web 中收集得到 4 条新闻形式的情报片段，进行事件情报元的抽取如表 7.22 所示，以新闻标题为"事件主题"属性值，且每一情报片段仅包含一个事件情报元。本实例的研究目的是对抽取的事件情报元进行基于相似度分析的融合处理，完成相关敏感竞争事件情报元的序化，并寻找可供辨识的竞争角色关系等具有潜在价值的情报。

表 7.22　情报片段特征抽取与事件情报元表示

情报片段	事件主题	时间	地点	主体		关键特性	
				属性名称	属性值	属性名称	属性值
I	LCXSZDSM-KQ2017MGIS-QGXZ	2017 年 5 月 17 日~2017 年 7 月	北京		LCJT	营销主题	XMSXZC
			杭州	合作伙伴	ZDSM	产品名称	MGIS
			成都			产品特性	KJGHDGHYJJFA
			深圳			产品特性	
			武汉				
II	XMSXZC-2017MGIS-QGXZ	2017 年 5 月 17 日	北京	主办单位	ZDSMJT	营销主题	XMSXZC
		2017 年 6 月 8 日	杭州	指导单位	GJDLXXXTGCJSYJZX；DLXXXTCYJSCXZLLM	产品名称	MGIS
		2017 年 6 月 29 日	成都	支持单位	ZGCHDLXXXH；ZGDLXXCYXH；ZGRJHYXH	所属类别	GISZNFW
		2017 年 7 月 13 日	深圳			产品特性	ZHCSYY、DZDSJYY、DGHYYY
		2017 年 7 月 27 日	武汉			产品特性	DGHYJJFA
III	2017MGIS-QGXZ-WHZ	2017 年 7 月 27 日	武汉	主办单位	ZDSMJT	产品名称	MGIS SKDSJYPT、MGIS10.2、MGIS 10XLPT
						产品特性	DGHYJJFA
						产品特性	TCVDGSJGLPT、DGZNBZXT、DGZHFWPT、GHBZXMGLXT、SXGLXT

续表

情报片段	事件主题	时间	地点	主体		关键特性	
				属性名称	属性值	属性名称	属性值
Ⅳ	TFZDZLCYBG-JSRHCSGISXJZ	2017年6月29日	成都		SCSDKJ	产品名称	MGIS
					ZDSM	技术名称	CHDLXXJS、DLXXSJFXJCYY、DLXXKJDSJYPT
						产品特性	ZZCSYYJJFA、DGHYYYJJFA、DZDSJYYJJFA、GTXXHYYJJFA、ZHGDYYJJFA
		2017年7月13日	深圳			营销主题	MGIS-JSJLYCXYY-YTHD

2. 结果分析

1）事件情报元的相似度分析

综合考虑情报片段融合需要，针对 4 个事件情报元进行两两间关键属性综合相似度分析（其中，设相似度阈值为 $\mu=0.6$ ）时，等分五类要素（即事件主题、事件、地点、主体及其他关键特性）的权重（ $\omega_i=0.2,1\leqslant i\leqslant 5$ ）；且关键特性中的属性要素也按照等分权重形式进行相似度分析（即 $\omega_{i'}=0.25$ ），计算结果如表 7.23 所示。由此可见，4 个事件情报元的相似度（除事件Ⅲ和事件Ⅳ相似度较低外）均超过阈值，因此初步判定上述事件相互之间具有较为紧密的关联关系，可以进行序化处理。

表 7.23　事件情报元属性相似度分析结果

名称	Ⅰ-Ⅱ	Ⅰ-Ⅲ	Ⅰ-Ⅳ	Ⅱ-Ⅲ	Ⅱ-Ⅳ	Ⅲ-Ⅳ
事件主题	0.454 5	0.625 0	0.000 0	0.625 0	0.090 9	0.000 0
时间	1.000 0	1.000 0	1.000 0	1.000 0	1.000 0	0.000 0
地点	1.000 0	1.000 0	1.000 0	1.000 0	1.000 0	0.000 0
主体	1.000 0	1.000 0	1.000 0	1.000 0	0.500 0	1.000 0
营销主题	1.000 0		0		0.000 0	
产品名称	1.000 0	1.000 0	1.000 0	1.000 0	1.000 0	1.000 0
产品特性 1	1.000 0	1.000 0	0.800 0	1.000 0	1.000 0	1.000 0
产品特性 2		1.000 0				
加权相似度	0.750 0	0.750 0	0.450 0	0.500 0	0.500 0	0.500 0
综合相似度	0.840 9	0.875 0	0.690 0	0.825 0	0.618 2	0.300 0

2）事件情报元序化

根据事件知识元的时间特征属性，可按照 3.4.1 小节进行情报元的序化排列，进一步确定相关事件链的先后序列关系，为决策者关注事件演进动向提供基础数据及推理知识，经过序化处理的事件情报元序列示例如图 7.4 所示，其中还注明了各事件涉及的主体。

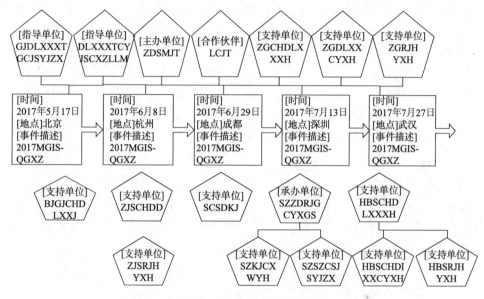

图 7.4　事件链序列及多主体关系融合结果示意

3）基于事件情报元的企业竞争角色关系辨识

根据事件涉及的多个主体重构企业 C 的竞争角色关系网络。经过主体在相关事件中的活跃度分析判断企业的竞争角色，如表 7.24 所示。由于企业 C 是企业 A 的供应商，由此可扩展企业 A 的潜在合作伙伴，为企业寻求新的合作提供情报支持。

表 7.24　基于营销推广事件情报元的竞争角色关系融合结果

关联企业	商业关系	等级
ZDSMJT	Cooperator	G1
LCJT	Cooperator	G2
GJDLXXXTGCJSYJZ	Cooperator	G2
DLXXXTCYJSCXZLL	Cooperator	G2
ZGCHDLXXXH	Cooperator	G2
ZGDLXXCYXH	Cooperator	G2
ZGRJHYXH	Cooperator	G2
SCSDKJ	Cooperator	G2

4）基于事件情报元的产品情报融合

通过相关事件的产品及其特性的相似度分析，不仅可以跟踪企业 C 的产品营销推广活动的部署及推进；同时，基于事件情报元中的属性特征值，利用情报元相似度融合原理还可以得到推广产品更为详尽的关键特征，如表 7.25 所示。由此，进一步完善了供应商 C 的产品情报元关键属性特征描述，帮助企业决策者掌握更精准的、更全面的市场参与者关键情报，为战略决策服务。

表 7.25　基于事件关系的产品情报元属性相似度融合

名称	I	II	III	IV	相似度融合结果
产品名称	MGIS	MGIS	Map GIS SKDSJYPT；Map GIS10.2；Map GIS 10XLPT	MGIS	MGIS
产品特性	KJGHDGHYJJFA	DGHYJJFA	DGHYJJFA		DGHYJJFA
产品特性	TCVDGSJCLPT；DZNBZXT；DGZHFWPT；GHBZXMGLXT；SXGLXT	ZHCSYY；DZDSJYY；DGHYYY	TCVDGSJGLPT；DGZNBZXT；DGZHFWPT；GHBZXMGLXT；SXGLXT	ZZCSYYJJFA；DGHYYYJJFA；DZDSJYYJJFA；GTXXHYYJJFA；ZHGDYYJJFA	TCVDGSJGLPT；DGZNBZXT；DGZHFWPT；GHBZXMGLXT；SXGLXT；ZZCSYYJJFA；DGHYYYJJFA；DZDSJYYJJFA；GTXXHYYJJFA；ZHGDYYJJFA

7.4.3　基于 SWOT 知识元与情报元的战略决策情报融合

本小节的研究目的是围绕企业 A 开展基于优势和劣势要素知识元与情报元综合关系的战略决策情报融合，基于融合的决策经验知识向战略决策提供支持；此外，根据最新收集的企业 A 和竞争对手 B 的优势和劣势要素情报元提供的数据，为战略决策的及时调整提供客观的依据。本案例是基于表 7.5 和表 7.6 的因素分析及其先验知识构建的。特别地，S8、S10 与 W10 涉及的战略影响要素有交叉，为"研发人员"和"研发投入"属性特征要素。可见，在进行企业内部关键要素的情报收集时，有必要按照 4.4.2 小节的方法设置相关特征要素的正负向阈值机制，以明确评价相关特征要素是优势还是劣势的基本准则。

1. 数据源的选取与数据预处理

通过路坤（2013）的研究结果得到如表 7.26 和表 7.27 所示的 SO 和 WO 组合战略决策情况。其中 D6 和 D17 的战略选择均为提升生产能力，扩大生产规模，涉及的战略影响要素及状态如表 7.28 所示，说明同一个决策目标产生了两种不同的意见。如表 7.28 所示，D6 决策的依据指标"投入劳力"和"产品产量"与 D17 的"人均产量"有一定的量化关系，但三者却分别出现在 S 因素和 W 因素中。这也是人为制定战略决策时不可避免会产生的分歧。

表 7.26　SO 组合战略决策的企业内外部因素

编号	优势 S				机会 O			战略决策目标描述
	内因 1	内因 2	内因 3	内因 4	外因 1	外因 2	外因 3	
D1	S8	S9			O1	O3	O7	发挥经验优势，依托政策机遇，推进公司快速发展
D2	S12				O4	O6		善用公司资本，扩大公司规模
D3	S3	S4			O5	O9	O10	发挥营销优势，积极开拓市场
D4	S2	S7			O8			不断提升公司产品质量和档次
D5	S7	S10	S12		O1	O5		继续发挥领导团队的卓越才能
D6	S1	S11	S12		O4			进一步提升公司生产能力，扩大生产规模
D7	S1	S2	S7		O9	O10		持续完善生产管理体系，保障安全生产、提供优质产品
D8	S1	S2	S8	S10	O5	O6	O8	寻求国际知名企业合作，增强公司发展实力
D9	S1	S7	S10	S12	O3	O6	O9	利用政策机遇，设立控股子公司，为公司发展增添活力
D10	S7	S8	S9	S10	O4	O8		在行业技术整体提升的条件下，进一步提升行业的技术壁垒
D11	S4	S5			O6	O7		不断完善服务文化理念，建立良好的公司形象
D12	S7	S10			O5			培育优秀团队，迎接新的机遇

表 7.27　WO 组合战略决策的企业内外部因素

编号	劣势 W		机会 O				战略决策目标描述
	内因 1	内因 2	外因 1	外因 2	外因 3	外因 4	
D13	W9	W10	O4	O6			加强科技合作，提升研发实力
D14	W5	W12	O2	O5			改善公司技术水平，提升企业业绩
D15	W7	W10	O6	O8			扩张企业经营规模，优化人才结构
D16	W4	W11	O1	O2	O3	O7	挖掘政策机遇，抢占新兴市场
D17	W1	W11	O5	O6			提升生产能力，扩大公司规模
D18	W6		O9	O10			优化企业售后服务体系
D19	W7	W8	O3	O8			培养高素质员工
D20	W2	W3	O2				进一步完善生产管理体系

表 7.28　同一决策目标的不同决策依据特征要素组合及其情报元

编号	战略决策目标	因素	属性名称	标识	战略影响要素					
					2017.8		2017.4		2014.4	
					A	B	A	B	A	B
D6	进一步提升公司生产能力,扩大生产规模	S1	投入设备	A	DXJ、DXY、PSF、ZYS、HHJ		DXJ、DXY、PSF、ZYS、HHJ		DXC、QMS、QZH、ZXJ、FJX、DQZ、MDC	
			投入劳力	B	总数: 701;占比: 49.30%	总数: 3 221;占比: 54.54%	总数: 701;占比: 49.30%	总数: 3 221;占比: 54.54%	总数: 562;占比: 48.32%	总数: 2 611;占比: 40.24%
			产品产量	C			FDS: 149;WLB: 415;XMS: 29;YSS: 5	7 056 400 000 件	QZH: 232;XMH: 128	10 035 080 000 件
		S11	流动资金	D	116 911 892 元	1 105 855 452 元	178 218 911 元	1 002 413 142 元	60 041 594 元	1 568 787 452 元
		S12	融资方式	E					普通股股票	
			融资金额	F					780 000 000 元	
		O4	进入壁垒	G	高		高		高	
D17	提升生产能力,扩大公司规模	W1	人均产量	H			0.853	2 190 748 件	0.641	3 843 386 件
		W11	总资产	I	3 090 335 104 元	16 656 000 926 元	3 003 168 943 元	16 395 555 073 元	1 480 907 009 元	18 865 018 116 元
			主营业务收入	J	461 510 849 元	2 286 923 955 元	1 238 894 201 元	6 363 303 086 元	460 616 369 元	8 637 417 318 元
		O5	经济发展	K	向好		向好		向好	
		O6	行业整合	L	小企业倒闭整合		小企业倒闭整合		小企业倒闭整合	

表 7.26 和表 7.27 所呈现的是企业现有的决策经验知识，可以与其他决策案例知识一起进行多属性融合以不断地完善。按照 4.4.2 小节的基本流程，D6 和 D17 为决策目标"提升生产能力"，根据企业 A 和企业 B 2013 年的年报，将 $A_1=\{ABCDEFG\}$ 放入 SO 指标融合池中，将 $A_2=\{HIJKL\}$ 放入 WO 指标融合池中作为证据待分别进行融合处理。

表 7.28 的战略影响要素多数为内外部因素的不同程度的细分（部分内容缩写）。如前所述，这些关键要素的选取直接影响了战略分析与制定的路径选择。因此，如何提高其科学性是本实例关注的焦点。由此，从多方收集（百科网站、CNKI 文献）的相关决策案例知识的情报素材中关于企业"生产能力"（S1 关键特征）的评价特征要素不同，由此产生了多种决策依据特征指标的证据，具体如表 7.29 所示，其中，样本 1 取自表 7.28。

表 7.29　企业生产能力的决策经验知识

样本 1		样本 2		样本 3		样本 4		样本 5	
属性名	标识	属性名	标识	属性名	标识	属性名	标识	属性名	标识
投入设备	A	新产品开发周期	D	参与固定资产	A	参与固定资产	A	投入设备	A
投入劳力	B	新产品占销售比率	E	产品产量	C	生产率	G	良品产出数	M
产品产量	C	采购成本下降率	F	投入劳力	B	劳动者素质	O	产出数	C
		单个生产率	G	生产能力利用率	H	产量	C	产品种类	Q
		生产能力利用率	H	废品率	L	投入劳力	B		
		成本费用降低率	I	设备利用率	N	生产工艺	P		
		返工率	J	生产工艺	P	生产能力利用率	H		
		机器设备完好率	K						
		产品优良率	L						
		优良产品数量	M						
		总产量	C						

2. 结果分析

据此，在识别框架 $\theta=\{A,B,C,D,E,F,G,H,I,J,K,L,M,N,O,P,Q\}$ 下进行上述 4 个决策案例知识的多属性融合。设定基准数组 $X_B=\{B,C,L\}$，可以得到一个相对完备的结果作为更新后的决策经验知识，融合结果如表 7.30 所示，取概率分配结果最大的组合证据即 $X_f=\{A,B,C,H,L,N,P\}$ 为生产能力的决策依据属性。据此可以进一步丰富表 7.28 的情报内容。同理，还可以不断完善表 7.26 中的 S4 要素"销售能力"和 S12 要素"融资能力"的决策依据属性。据此按照对应的 S 要素或 W 要素更新决策知识元的"决策依据"属性集描述，并完善阈值设定。

表 7.30　对生产能力的决策依据指标的多属性融合结果

随机数据融合	ACMQ	ABCHLNP	ABCGHLNOP
概率分配结果	0.034 8	0.5	0.465 2
mf	0.034 8	0.5	0.465 2
q	0.167 5	0.390 3	0.390 3

假设"主营业务收入"的负向阈值是按照企业 B 指标的 15%进行设置的，则由表 7.28 可知，2017 年企业 A 的"主营业务收入"已经不再构成劣势 W 要素，也未达到优势 S 要素的阈值标准。由此，按照现有的竞争态势情报，该企业 SWOT 竞争态势的知识构成将发生改变。但考虑到企业竞争态势各要素指标走势的时效性及多变性，通常不会立即将态势转变的指标从情报先验知识中剔除，而是经过一定周期的观察再做处理。如此，既为战略决策的制定提供了关键影响要素的显著变动情况，同时也为战略转变决策的执行留有一定的观察余地。

在此基础上，由现有的决策经验知识和企业 SWOT 情报相关属性特征（表 7.30）可知，由于关键要素状态的扭转，不满足 D17 中的决策依据特征，则该企业不适合进行扩大生产规模战略。按照这一思路，决策制定的过程就是在现有决策经验知识的导引下，依次衡量每一个不同的战略组合决策是否满足制定条件，即当且仅当决策依据特征的状态要全部符合对应的正向或负向阈值指标时，则认为该战略可行。

综上，基于知识元与情报元关系的战略决策情报融合是建立在 SWOT 情报特征要素基础上的多属性融合结果，决策依据属性的筛选过程打破了 S 要素与 W 要素、O 要素与 T 要素间的绝对边界，从而实现了更为客观、合理的决策经验知识的生成。此外，基于细粒度的企业战略影响要素的情报元的提炼与融合，能够动态反映企业竞争态势的最新变化，为企业及时洞悉环境特征，并为有效开展战略决策的调整提供可操作性、指导性强的知识支持。

7.5　应用总结

本章以企业 A 为主要研究对象，并选取与其构成竞争关系的企业 B、供应关系企业 C 和企业 D 作为战略竞争情报收集目标，开展了基于知识元的企业战略竞争情报融合实例分析：基于知识元的多属性融合方法实现了产品知识元的属性集融合、跨业务领域的财务与销售业务知识元的属性关系网络生成、企业科研能力与资源知识元的属性关系网络融合，并举例阐述了企业的优势和劣势情报先验知识生成；基于情报元的相似度分析实现了多源情报片段的产品情报元融合，以及企业优势情报元的序化与重构；基于知识元与情报元的综合关系融合实现了企业竞争角色、敏感竞争事件及 SWOT 态势等战略情报的融合与情报元重构。综合各项实例研究结果，在一定程度上体现了本书提出的基于知识元的企业战略竞争情报融合方法的科学性、可行性和智能性，为探索竞争情报在企业战略管理与决策层面的知识支持的理论与应用研究提供借鉴。

参 考 文 献

陈峰，梁战平. 2003. 构建竞争优势：竞争情报与企业战略管理的互动与融合[J]. 情报学报，22（5）：632-635.

陈明. 2015. 基于神经网络的企业 R&D 能力评价研究[D]. 中国海洋大学硕士学位论文.

化柏林，李广建. 2015. 大数据环境下的多源融合型竞争情报研究[J]. 情报理论与实践，38（4）：1-5.

江俞蓉. 2013. 大数据时代情报学面临的挑战和机遇[J]. 现代情报，（8）：58-60.

李明，潘松华. 2009. 高校重大战略决策的竞争情报支持研究——以重点学科建设为例[J]. 情报杂志，28（7）：82-86.

李庆东. 2005. 技术创新能力评价指标体系与评价方法研究[J]. 现代情报，（9）：174-176.

刘欢. 2006. 竞争情报与企业竞争战略管理[D]. 湘潭大学硕士学位论文.

路坤. 2013. 基于 SWOT 分析的 TQ 公司发展战略研究[D]. 湖南工业大学硕士学位论文.

王翠波，张玉峰，吴金红，等. 2009. 基于数据挖掘的企业竞争情报智能采集策略研究（Ⅰ）——采集现状调查与分析[J]. 情报学报，28（1）：64-69.

王嵩. 2016. 互联网企业战略行为中竞争情报作用研究[D]. 武汉大学博士学位论文.

王曰芬，邵凌赟，丁晟春. 2005. 基于信息集成的企业竞争情报系统的构建研究[J]. 情报学报，24（3）：371-376.

谢新洲，包昌火，张燕. 2001. 论企业竞争情报系统的建设[J]. 北京大学学报（哲学社会科学版），38（6）：55-68.

张玉峰，何超，李琳. 2012. 基于联机分析挖掘的动态竞争情报多维语义分析研究[J]. 情报学报，31（2）：166-173.

赵洁. 2010a. 基于关系抽取的企业竞争情报获取与融合框架[J]. 情报学报，29（2）：377-384.

赵洁. 2010b. Web 竞争情报可信性评价：问题分析与研究框架[J]. 情报学报，29（4）：586-596.

Gaidelys V. 2010. The role of competitive intelligence in the course of business process[J]. Economics and Management，15：1057-1064.

Hermann B. 2014. The unique predication of knowledge element and their visualization and factorization in ontology engineering[J]. Frontiers in Artificial Intelligence and Application，（267）：241-250.

Mikroyannidis A, Theodoulidis B, Persidis A. 2006. PARMENIDES：Towards business intelligence discovery from Web Data[R]. IEEE/WIC/ACM International Conference on Web Intelligence（WI 2006），18-22 December 2006，Hong Kong，China.

Nofal M I, Yusof Z M. 2013. Integration of business intelligence and enterprise resource planning within organizations[J]. Procedia Technology，11：658-665.

Peilissier R, Kruger J. 2011. Understanding the use of strategic intelligence as a strategic management tool in the long-term insurance industry in South Africa[J]. South Africa Journal of Information Management，23（6）：609-631.

Rogojanu A, Florescu G, Badea L. 2010. Competitive intelligence—how to gain the competitive advantage[J]. Metalurgia International，9（6）：221-232.

Shaokun F, Raymond Y K, Lau J, et al. 2015. Demystifying big data analytics for business intelligence through the lens of marketing mix[J]. Big Data Research，2（1）：28-32.

Štefániková Ľ, Masárová G. 2014. The need of complex competitive intelligence[J]. Procedia-Social and Behavioral Sciences，10（24）：669-677.

第8章 知识融合方法在社会公共安全应急决策中的应用

8.1 应用背景

8.1.1 项目背景

本应用研究依托国家自然科学基金重点项目"大数据环境下知识融合与服务的方法及其在电子政务中的应用研究",国家"十二五"科技支撑项目"基于视频及公共动态信息的智能研判技术研究及应用示范"的子课题"基于物联网的社会治安视频分析技术研究及应用示范",国家重点研发计划项目"社会安全事件智能监测与预警关键技术与装备"的课题内容"基于治安防控场所多信息融合的警情事件智能监测识别关键技术及装备"。

"大数据环境下知识融合与服务的方法及其在电子政务中的应用研究"以系统科学思想和认知科学理论为指导,以电子政务中政府信息资源、应急管理等相关业务领域为背景,研究大数据环境下知识发现与融合的理论体系,构建综合知识模式和集成计算模式,基于知识元研究大数据环境下的知识发现方法和知识融合方法。在该项目中基于知识元及知识系统的知识融合方法的研究任务主要是基于知识元的多源多载体的知识规范表征方法,知识元层面的知识融合方法和知识系统层面的知识融合方法等,这为本书研究提供了良好的理论背景。国家"十二五"科技支撑项目课题"基于物联网的社会治安视频分析技术研究及应用示范"着力于研究突发事件感知、预测预警、应急决策方法和社会治安视频分析的关键技术及综合集成体系架构,通过示范应用形成高端的科技打击手段、高效的科技防控网络、先进的社会管理方法,应用知识工程等方法,以大连市为背景,研究基于物联网的社会治安视频分析的关键技术及综合集成体系框架,研究基于监控视频的社会公共安全事件预警系统。国家重点研发计划项目课题"基于治安防控场所多信息融合的警情事件智能监测识别关键技术及装备",面向公共安全对科技发展的需求,对社会公共场所中典型公共安全事件的智能分析与监测预警展开研究。通过构建社会治安防控场所中影响国家安全和社会稳定的公共安全事件知识体系,研究知识导引下人群过度聚集等群体性事件及个体警情事件的智能监测预警,研发社会治安防控场所多信息融合的警情事件智能监测预警系统,其中面向群体性突发事件的视频分析技术及知识导引的群体性突发事件智能监测预警技术,为本书研究提供了很好的应用背景。

8.1.2 社会公共安全应急决策背景

面向国家公共安全重大需求,增强科技创新能力,以信息、智能化技术应用为先导,发展国家公共安全多功能、一体化应急保障技术,形成科学预测、有效防控与高效应急的公共安全技术体系,是科学预防与应对突发事件、强化公共安全保障能力的重要任务。通过对大连市、铜川市和抚顺市等地的社会公共安全管理现状的调研发现,依托计算机技术、互联网技术和视频监控技术对城市大型公共场所、重点监控区域等进行智能防控,为人们及时地掌握事件信息、态势分析和做出准确的处置提供有力依据,成为维护国家安全和社会稳定的重要手段,对于提升社会管理和维护社会稳定发挥了重要作用。其中,大连市为加强社会公共安全管理建设,自 2008 年以来对监控设备进行大范围升级改造,对全市各级党政机关附近区域、主干道路、人群密集场所等容易引发社会安全事件的公共区域进行重点监控。同时,通过视频专网将包含全市社会单位自建的十万多监控摄像机进行物联应用。但限于海量视频分析不足以及对社会公共安全事件预警与处置不够,需要结合视频分析技术,实现技防系统、物防系统和管理系统的物联应用,研究社会公共安全事件的自动监测预警及应对防治的综合决策平台。

社会公共安全是国家面临的重大需求,加强突发事件科学预防与应对能力是强化公共安全保障的重要任务。尽管视频监控技术可以第一时间获取突发事件的相关信息,对平息事态和维护公共安全稳定具有重要决策支持。但是随着城市化、新型工业化及全球化进程的推进,社会公共安全事件防控已经演变成一个复杂系统问题,需要专家体系、知识体系和机器体系的有机结合,构成一个高度智能化的人机结合体系,对专家群体的智慧、知识和经验进行高度智能化集成,利用信息技术将不同学科和领域专家群体的应对突发事件的智慧、知识和经验进行高度智能化集成,形成集聚群体智慧的应急决策知识,为社会公共安全事件防治提供智力支持,如图 8.1 所示。

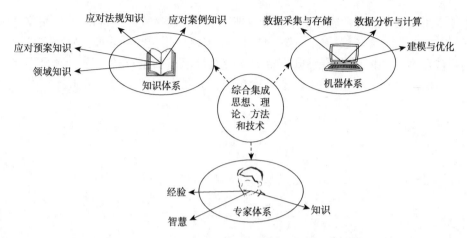

图 8.1　社会安全事件应对处置智能研判逻辑结构

8.1.3　群体性突发事件应对处置背景

在社会公共安全应急管理中，加强群体性突发事件应对处置的建设已经成为公共安全应急决策的重点研究课题。随着我国经济社会的快速发展和城市化进程的全面深化，一些长期积压的社会矛盾及其所引发的不安定因素，尤其涉及人民群众切身利益的矛盾纠纷明显增多，如处理不及时或处理方式不当都可能引发严重的影响社会稳定的群体性突发事件。群体性突发事件是指突然发生多人聚集并采用扩大事态、加剧冲突等手段扰乱和威胁社会秩序，危害公共安全的群体性事件。根据群体性突发事件应急预案，群体性突发事件应对处置分为先期处置、应急处置和善后处置三个阶段。事件发生后应急管理部门需要第一时间启动相关预案进行先期处置，做好事件主体人员规劝和无关群众疏散等工作，控制事态发展。若事件未得到有效解决且呈现出恶化的趋势，应急管理部门主管领导等人员应立即赶赴现场指挥紧急处置，如主要负责人直接与群众对话，现场提出解决方案，组织公安机关做好现场秩序维护，防止极少数人趁机滋事、制造事端等。事件得到有效控制和平息后，应注意做好善后工作，防止矛盾激化，重新引发群体性突发事件。

决策知识是科学和有效选择应对处置措施的主要依据，如图 8.2 所示，决策主体根据当前决策情景提供决策问题求解所需的应急决策知识，需要融合自身处置经验智慧和已经认识了的知识空间，结合知识模型描述应急决策知识，其中已经认识了的知识空间包括应急预案、领域知识、案例知识及相关法律法规等。然而，当前社会经济环境下群体性突发事件呈现出多种主客观因素相互交织、交互作用的结果，而社会经济环境的复杂性和人类思维的局限性往往导致决策人员处理群体性突发事件时面临信息不确定（如事件事由）和知识不确定（如演化规律等），给应急决策知识描述带来了模糊不确定性。同时，群体性突发事件处置涉及利益众多，个体提供的应急决策知识带有局限性和主观性，需要融合不同学科领域的应急决策知识形成综合决策知识，为科学制定应对处置方案提供智力支持。

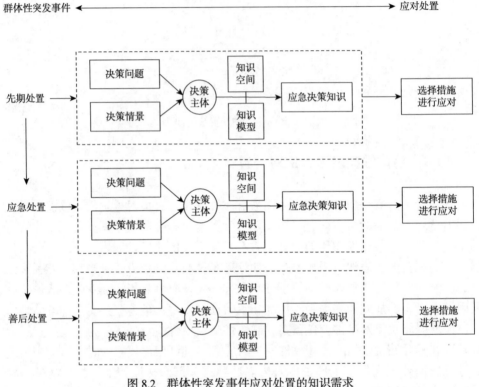

图 8.2　群体性突发事件应对处置的知识需求

8.2　群体性突发事件应对决策知识融合应用实例

在社会生产实践中，人们在客观上对事物的认知是一个渐进过程，表现出从初期极其模糊到后期逐渐清晰的变化。同样地，面对群体性突发事件应对处置，由于事件的复杂不确定性和人们认知的局限性等因素，人们在应对过程中对事件认知也是从模糊逐渐到清晰的过程，进而导致应对处置过程中不同阶段的应急决策知识呈现出不同的模糊不确定性。本节以大连市某群体上访突发事件应对处置为例开展应用研究，利用本书研究的知识融合方法为群体性突发事件应对处置中各个阶段的知识融合提供理论基础和方法支持。

8.2.1　先期处置的决策知识融合

视频监控技术在公共安全管理中发挥着重要作用，能够第一时间获取群体性突发事件相关信息，为应急管理部门及时控制事态和平息事件争取主动。值班人员在视频巡查时发现某一重点区域广场有大量人群聚集，举着条幅，围观人员越来越多。由于摄像头角度问题，值班人员无法看清标语内容进而初步判断聚集事由。指挥中心接到值班人员信息后第一时间组织附近巡逻人员和 110 巡车到现场进行先期处置。根据前方人员信息得知该群体性事件是由征地拆迁补偿问题引起的，指挥中心根据应急预案和处置经验紧急制定了三种处置方案：一是组织相关部门对聚集人员进行疏散，预防滋事挑衅人员造成事态激化；二是组织相关部门疏散无关人员，维护现场秩序，向上级主管部门报告并启动群体性突发事件应急预案；三是组织相关部门维护现场秩序，安抚人员情绪，宣传相关法律政策，进行规劝疏散。

为了避免因处理不当使事态激化，造成更严重的后果，指挥中心组织三个不同部门和领域的决策人员从各自专业视角和处置经验提供应急决策知识，为应对处置方案选择提供知识依据。由于聚集上访组织形式、可能聚集人数及处理不当造成的后果等信息和知识充满不确定性，决策人员提供的应急决策知识具有模糊不确定性。模糊语言（如非常差，差，中等，好，非常好）为模糊不确定性知识描述提供了良好工具，然而，在事件刚发生的较短时间内收集的信息十分有限，人们对事件演化趋势分析的模糊不确定性程度较高，决策人员在应对处置时信心不足，进而导致其描述应急决策知识具有一定程度的犹豫。例如，决策人员对某应对处置措施的应对效果分析结果为可能是"很好"，但又有一些可能不是"很好"。直觉模糊语言是一种可以刻画决策人员描述知识犹豫程度的模糊不确定性测度方式，其不仅能为该情形下应急决策知识精准描述提供灵活工具，还可以适当地减轻决策人员在短时间内提供应急决策知识的压力。同时，考虑到不同部门和领域决策人员的知识背景和处置经验等的差异，他们在应对处置中表现出的决策能力不同，进而可能导致应急决策知识的精度不同。例如，能力较弱的决策人员可能会选择粒度为 5 的模糊语言（非常差、差、中等、好、非常好）来描述知识，因为选用高精度的模糊语言可能会超过其能力范围并最终影响知识的准确性，如粒度为 7 的模糊语言（非常差、差、较差、中等、较好、好、非常好）。

为了给指挥中心制定合理处置方案提供知识依据，需要将来自不同部门和领域决策人员提供的应急决策知识融合形成综合决策知识。设不同领域或部门的三

个决策人员为 $E = \{e_1, e_2, e_3\}$，他们结合自身知识经验和智慧选用不同粒度模糊语言进行知识描述，其中决策人员 e_1 选用粒度为 7 的模糊语言集 $T_7 = \{t_0^7$ 非常差，t_1^7 差，t_2^7 较差，t_3^7 中等，t_4^7 较好，t_5^7 好，t_6^7 非常好$\}$，决策人员 e_2 和 e_3 分别选用粒度为 5 和 9 的模糊语言集 $T_5 = \{t_0^5$ 非常差，t_1^5 差，t_2^5 中等，t_3^5 好，t_4^5 非常好$\}$ 和 $T_9 = \{t_0^9$ 极差，t_1^9 非常差，t_2^9 差，t_3^9 较差，t_4^9 中等，t_5^9 较好，t_6^9 好，t_7^9 非常好，t_8^9 极好$\}$。表 8.1 为决策人员使用直觉模糊语言描述的先期处置应急决策知识，表中 x_1 表示拟定的处置方案一，x_2 表示拟定的处置方案二，x_3 表示拟定的处置方案三。为了给决策者进行应对方案选择提供智力支撑，需要融合不同领域或部门决策人员提供的决策知识，过程如下。

表 8.1　先期处置的应急决策知识

X	e_1	e_2	e_3
x_1	$\langle t_4^7, (0.6, 0.4) \rangle$	$\langle t_4^5, (0.5, 0.4) \rangle$	$\langle t_6^9, (0.5, 0.4) \rangle$
x_2	$\langle t_5^7, (0.7, 0.2) \rangle$	$\langle t_4^5, (0.6, 0.3) \rangle$	$\langle t_7^9, (0.6, 0.2) \rangle$
x_3	$\langle t_5^7, (0.5, 0.2) \rangle$	$\langle t_2^5, (0.7, 0.3) \rangle$	$\langle t_3^9, (0.7, 0.2) \rangle$

首先，结合不同决策人员选择的应急决策知识测度模型，确定标准测度量纲为 T_9。同时，根据 6.3 节提出的多粒度直觉模糊语言的转换方程进行规范化处理。

其次，利用 6.3 节提出的基于投影理论的权重集成模型，确定不同人员提供的应急决策知识重要度为 $W = (0.307\,3, 0.358\,0, 0.334\,7)$。

最后，通过集成算子 $\phi_{\text{ILT-WAA}}$ 将不同决策人员提供的应急决策知识融合形成综合决策知识 c，结果见表 8.2。

表 8.2　先期处置决策知识融合结果

C	t_0^9	t_1^9	t_2^9	t_3^9	t_4^9	t_5^9	t_6^9	t_7^9	t_8^9
C_1	(0,1)	(0,1)	(0,1)	(0,1)	(0,1)	(0.17,0.83)	(0.29,0.66)	(0.12,0.85)	(0.12,0.85)
C_2	(0,1)	(0,1)	(0,1)	(0,1)	(0,1)	(0,1)	(0.13,0.83)	(0.51,0.34)	(0.15,0.81)
C_3	(0,1)	(0,1)	(0,1)	(0.4,0.52)	(0.19,0.81)	(0.1,0.9)	(0.08,0.83)	(0.13,0.72)	(0,1)

令 $Z = \left\{ \left\langle t_k^{s+1}, \left(\mu(k), \nu(k) \right) \right\rangle \middle| k = 0, 1, 2, \cdots, s \right\}$ 为一组直觉语言数，其期望定义为

$$\text{FE} = \frac{\sum\limits_{k=0}^{s} (k+1)\left(\mu(k) + 1 - \nu(k) \right)}{\sum\limits_{k=0}^{s} k}$$

根据上式可得应急决策知识融合结果的期望值分别为 $FE_1=0.3049$，$FE_2=0.4033$，$FE_3=0.3233$。由应急决策知识融合结果的期望大小可知：处置方案 x_2 为最佳选择。指挥中心应立即组织相关部门疏散无关人员，维护现场秩序，向上级主管部门报告并启动群体性突发事件应急预案。

8.2.2 应急处置的决策知识融合

经过先期处置后，现场聚集人数规模虽有所增长，但人员情绪稳定，事态得到初步有效控制，矛盾未进一步升级恶化。经过了解和调查获知，该群众因为征地补偿标准不满，以及一些如解决就业等额外要求聚集上访。同时，视频监控值班人员使用人脸识别技术，与公安重点人员库、可能引发群体性突发事件的苗头信息库等进行比对，初步确认该聚集事件是由张某某、王某某和李某某等 4 名骨干人员组织发起的。同时，在人脸识别过程中值班人员还无意间发现聚集人群中有 2 名人员有前科，可能会趁机起哄滋事，激化现场矛盾而引发局面失控，并造成事件恶化升级。指挥中心在掌握上述信息后紧急组织相关专家进行研讨，商定了三种应对处置措施：一是加派警力维护现场秩序，政府主管领导赶赴现场了解人民需求，当场就问题给出解决方案，尽快平息事态，同时监控可疑人员动向，预防其趁机起哄滋事；二是组织主管部门负责人员与骨干人员会谈协商补偿政策，同时说服教育其他人员尽快疏散；三是向聚集人员宣讲法律法规，阐明政策措施，强制疏散现场人员并将骨干人员和具有前科的参与人员强行带离。

为了确定什么处置措施能够更有效地控制事态发展，疏散聚集人群，决策者需要依赖应急决策知识进行分析和判断。群体事件的复杂性决定了单一知识难以满足决策需求，需要融合不同领域和学科的应急决策知识为问题求解提供支持。为此，指挥中心组织来自不同领域和部门的专家考虑应对处置有效性、处置时效性和处置安全性三个属性描述应急决策知识。相比前期处置，应急处置阶段情景信息收集增多，人们对事件演化分析和认知变得清晰，决策人员面对应急处置问题提供应急决策知识时的信心增加。但是事件本身具有的复杂性和人类思维的局限性，导致决策人员依然难以用定量方式描述应急决策知识。模糊语言是处理模糊不确定性的重要工具，也符合人类认知习惯。换个角度，选用模糊语言刻画事物的不确定性可以看作使用某模糊语言变量描述事物的隶属度为 1，可以理解为一种不含犹豫信息的模糊不确定性测度模型。而且多粒度模糊语言又能够满足不同决策能力的专家进行精准知识表达的需求。因此，融合多粒度模糊语言描述的应急决策知识为合理处置措施选择是应急处置工作有效开展的关键基础问题。

设不同领域和学科的三名决策专家 $E=\{e_1,e_2,e_3\}$，根据当前决策问题，结合自身处置经验和智慧分别选用不同粒度模糊语言描述应急决策知识，其中专家 e_1 选用模糊语言集 T_5，专家 e_2 和专家 e_3 则根据能力分别选用模糊语言集 T_7 和 T_9 描述应急处置决策知识，见表 8.3。表 8.3 中 x_1，x_2，x_3 分别表示拟定的三个处置措施，a_1，a_2，a_3 分别表示处置措施评判指标：应对处置有效性、处置时效性和处置安全性。为了得到应急处置需要的综合决策知识，需要将不同领域和学科专家提供的应急决策知识融合处理，过程如下。

表 8.3　应急处置决策知识

V	x_1			x_2			x_3		
	a_1	a_2	a_3	a_1	a_2	a_3	a_1	a_2	a_3
e_1	t_2^5	t_3^5	t_4^5	t_3^5	t_3^5	t_2^5	t_4^5	t_2^5	t_1^5
e_2	t_3^7	t_4^7	t_4^7	t_5^7	t_6^7	t_2^7	t_6^7	t_3^7	t_3^7
e_3	t_3^9	t_6^9	t_8^9	t_5^9	t_5^9	t_4^9	t_7^9	t_3^9	t_3^9

首先，结合表 8.3 中应急决策知识的测度，将标准模糊语言集定为 T_{11}，并按照 6.1 节中介绍的多粒度模糊语言转换方法将决策知识进行规范化处理。

其次，根据 6.1 节提出的基于语义距离熵权重模型计算每个决策专家对事件应对认知的属性权重分别为 $W_C^1=(0.3744,0.2397,0.3858)$ $W_C^2=(0.2944,0.3215,0.3842)$，$W_C^3=(0.3350,0.3214,0.3436)$。并利用集结算子将决策知识融合得到个体决策知识，$I_1=(7.9466,7.4165,6.3174)$，$I_2=(7.1571,7.4917,7.1030)$，$I_3=(7.7399,6.7818,6.4680)$。

最后，结合专家描述应急决策知识选用的测度模型可以得到不确定性关系：$\{w_2>w_1,w_3>w_2,w_3>w_1\}$，并根据6.1节提出的权重求解方法构建优化模型。为了方便求解软件（如 MATLAB）计算，将 $w_2>w_1$ 调整成 $w_2-w_1>\varepsilon$，$\varepsilon\in(0,1)$，其中 ε 表示参数辨识度。在本例中设置 $\varepsilon=0.05$。通过模型求解得到不同知识重要度，并结合集成算子将个体决策知识融合形成群体决策知识 $C=(7.6776,7.1896,6.5638)$。

根据融合结果，指挥中心选择处置方案 x_1 进行应急处置，即加派警力维护现场秩序，政府主管领导赶赴现场了解人民需求，当场提出可行方案，尽快平息事态，并时刻监控可疑人员动向，预防趁机起哄滋事。

8.2.3　善后处置的决策知识融合

在经过应急处置后，事件得到平息，聚集人员逐渐疏散。事件平息后，指挥中心应及时开展善后处置工作，尽快落实或解决处置过程中承诺的事情，防止无关人员趁机滋事，再次激化矛盾，重新引发群体性突发事件，产生更严重的影响和后果。根据以往类似案件处置经验和相关预案安排，指挥中心设计了三个善后处置措施：一是协调督促相关部门加快落实承诺，并尽快平息和恢复群众心理平衡，加强法制政策宣传，防止第二次群体性事件发生；二是协调督促相关部门加快落实承诺，建立定期回访制度，防止原有矛盾复发或新矛盾产生；三是协调督促相关部门加快落实承诺，并开辟诉求渠道，加强沟通，收集主要人员非法证据，按照相关法律法规进行依法处理。为了保障事件妥善解决，指挥中心邀请若干不同领域专家和决策人员进行商讨，为科学制定善后处置措施提供知识依据。虽然事件已得到初步平息，人们对事件的理解和认知也逐渐清晰，但是群体突发事件的复杂性使得专家和决策人员依然难以精确地定量描述应急决策知识，这是因为人们对善后处置方案的实施结果的认知具有不确定性，即决策人员对处置方案能够彻底化解聚集人员的情绪并避免群体性聚集上访事件再次发生充满模糊不确定性。

然而，相比应急处置阶段的模糊不确定性，在善后处置过程中人们对事件的认知更加清晰，包括聚集事由、聚集目的、聚集人数及人员构成等。这种情形下人们描述知识的模糊不确定性较低，专家或决策人员描述应急决策知识时使用模糊语言"好"刻画知识属性已经难以满足知识精准描述的需求，需要选择能够表达出比"好"更精准的模糊不确定性测度模型。这既是突发事件应急决策的基本要求，也是当前决策环境、决策问题等因素驱使的必然要求。二元语义是一种由二元组形式描述模糊不确定性的测度模型，其比模糊语言能够更精细地刻画应急决策过程中模糊不确定性。例如，随着人们对事件信息掌握增多，对问题理解和认知更清晰，模糊变量"好"已经不足以表达出人们对某应对处置措施安全性的评断，而使用二元语义模型（好，0.4）可以准确地描述应对处置措施的安全性比"好"多 0.4 的偏离，故该模型为善后处置中模糊不确定性较低的应急决策知识精准描述提供了有效处理方式。

为了满足善后处置的决策知识需求，采用融合方法将二元语义描述的善后处置应急决策知识进行融合处理。设三名不同领域的专家 $E = \{e_1, e_2, e_3\}$ 在描述善后处置决策知识时，根据自身能力和智慧分别选用了不同模糊语言集合 T_5、T_7 和 T_9 描述应急决策知识。表 8.4 为三名专家考虑方案可行性 a_1、事态扩散控制 a_2 及群众满意度 a_3 三个属性描述的善后处置的决策知识，其中 x_1、x_2 和 x_3 分别表示指挥中心拟定的三个善后处置措施。以专家 e_1 描述的决策知识为例，其对处置措施 x_1 方案可行性 a_1 刻画为 $(t_2^5, 0.4)$，表示为方案的可行性比"好"多 0.4 的偏离。为了给指挥中心选择合理善后处置措施提供知识依据，知识融合过程如下。

表 8.4　善后处置决策知识

V	e_1			e_2			e_3		
	a_1	a_2	a_3	a_1	a_2	a_3	a_1	a_2	a_3
e_1	$(t_2^5, 0.4)$	$(t_2^5, 0.3)$	$(t_3^5, 0.4)$	$(t_3^7, -0.2)$	$(t_4^7, 0.1)$	$(t_5^7, -0.3)$	$(t_4^9, 0.5)$	$(t_4^9, -0.4)$	$(t_6^9, -0.2)$
e_2	$(t_2^5, 0.2)$	$(t_2^5, -0.4)$	$(t_1^5, 0.3)$	$(t_3^7, 0.5)$	$(t_3^7, -0.2)$	$(t_4^7, 0.1)$	$(t_3^9, -0.3)$	$(t_4^9, 0.5)$	$(t_4^9, -0.4)$
e_3	$(t_1^5, 0.5)$	$(t_2^5, -0.4)$	$(t_0^5, 0.1)$	$(t_4^7, 0.2)$	$(t_0^7, 0.3)$	$(t_4^7, 0.1)$	$(t_5^9, 0.4)$	$(t_3^9, 0.4)$	$(t_6^9, -0.2)$

首先，根据表 8.4 中应急决策知识测度模型，标准测度模型确定为 T_9。并根据第 6.2 节中不同粒度二元语义转换方程将应急决策知识进行规范化处理。

其次，根据 6.2 节提出的灰关联分析的权重计算方法可得权重信息为 $W_C^1 =$（ 0.275 7，0.377 2，0.347 1），$W_C^2 =$（ 0.352 0，0.275 6，0.372 5），$W_C^3 =$（ 0.352 0，0.275 6，0.372 5）。在此基础上，结合集结算子融合决策知识得到个体决策知识，表示如下：

$$I_1 = \left(\left(t_5^9, 0.42 \right), \left(t_3^9, 0.32 \right), \left(t_2^9, 0.10 \right) \right)$$

$$I_2 = \left(\left(t_5^9, 0.34 \right), \left(t_5^9, -0.16 \right), \left(t_4^9, 0.11 \right) \right)$$

$$I_3 = \left(\left(t_4^9, 0.4 \right), \left(t_4^9, -0.33 \right), \left(t_5^9, -0.36 \right) \right)$$

最后，根据专家描述决策知识选用的模糊测度模型得到不确定性关系：$w_3 - w_1 \geqslant \varepsilon$，$w_3 - w_2 \geqslant \varepsilon$，$w_2 - w_1 \geqslant \varepsilon$。令 $\theta^- = 0.1$，$\theta^+ = 0.8$、$\varepsilon = 0.05$。根据 6.2 节权重优化模型求解专家权重为 $W=$（ 0.275 0，0.355 2，0.369 8）。利用集结算子计算综合决策知识为 $C = \left(\left(t_5^9, 0.02 \right), \left(t_4^9, -0.01 \right), \left(t_4^9, -0.25 \right) \right)$。

根据融合结果，指挥中心判断处置措施 x_1 是最佳善后处置方案，即协调督促相关部门加快落实承诺，并尽快平息和恢复群众心理平衡，加强法制政策宣传，防止第二次群体性事件发生。

8.3　应用总结与展望

8.3.1　应用总结

我国深化经济体制改革不断加深，征地拆迁、环境污染等成为政府和群众的矛盾焦点，一旦处理不好，极易引发群体性突发事件，给经济发展和社会稳定带来不良影响。在当前社会大背景下，人们在群体性突发事件应对处置过程中充满着各种不同的模糊不确定性问题。由于社会经济环境的复杂性和人类思维的局限性，人们对群体性突发事件的认知是一个渐进过程，决定了人们在应对处置过程中描述应急决策知识是一个从模糊逐渐清晰的变化过程。本书研究的三种不同模糊不确定性决策知识融合方法为群体性事件应对过程中先期处置、应急处置和善后处置的知识融合提供了理论基础，确保将不同来源应急决策知识准确地融合成综合决策知识，为科学合理地应对处置群体性突发事件提供保障和支持。

在群体性突发事件先期处置阶段，应急处置的信息和知识极其不确定，决策人员描述应急决策知识不仅具有模糊不确定性，还会呈现出一定程度的犹豫，直觉模糊语言为该情形决策知识描述提供了工具。如果用其他模糊不确定性测度模型描述决策知识，如模糊语言或者二元语义模型，会给决策人员描述应急决策知识带来巨大压力：一是因为当前事件信息不确定及人们对事物认知比较模糊，决策人员在保证知识准确的前提下十分清晰且毫不犹豫地提供决策知识是十分困难的；二是来自时间压力，通常决策时间加长意味着错失决策最佳时机，如在本例中值班人员发现人群聚集后若没有及时处理，可能会让事态失控，给事件的应急处置带来更大困难，甚至会激化矛盾而发生更严重的人员伤亡事故，给社会公共安全造成恶劣影响。根据本书提出的基于直觉模糊语言的应急决策知识融合方法将先期处置的决策知识进行融合，利用融合结果选择合理的先期处置方案，并立即组织相关部门执行处置方案，事件得到初步有效控制，阻止了群体性事件的进一步恶化，为后期事件的有效解决铺设了良好的基础。

随着事件先期处置的有效开展，人们对事件情景信息收集和事件演化认知的模糊不确定性减弱，决策人员描述应急决策知识时信心提高，故选用没有任何犹豫程度即隶属度为 1 的模糊语言变量描述应急决策知识。此时，应急处置阶段的决策时间压力依然较大，若使用较为精确的模糊不确定性测度模型（如二元语义模型）在较短时间内进行知识描述，可能会影响知识准确性的表达及正确处置措施的选择。根据本书提出的基于多粒度模糊语言的应急决策知识融合方法将群体性突发事件应急处置的决策知识进行融合，为合理的应急处置方案的决策提供智力支持。通过组织相关单位和部门执行应急处置方案，迅速维护现场秩序，使事态得到很好控制和平息。

在群体性突发事件得到有效控制后，进行事件善后处置时人们对事件信息的掌握和事件演化的认知变得较为清晰，为善后处置方案选择和事件有效处置提供精确知识变得十分重要。因此，选用能够较精确刻画知识的二元语义模型进行知识测度是合理且必然的，若此时依然使用模糊不确定性程度较高的模型（如直觉模糊语言等）进行知识描述，会与决策过程中决策人员的诚实和道德约束相悖，可能导致因不提供精确知识而造成决策失误，激化事件矛盾或产生新矛盾而引发更严重的突发事件。根据本书提出的基于二元语义的应急决策知识融合方法将群体性突发事件善后处置的决策知识进行融合处理,得到善后处置方案选择的综合决策知识。指挥中心根据综合决策知识制定有效的善后处置方案,使得事件得到妥善处置。

综上,本书研究较好地为人们在突发事件应对处置过程中不同阶段的不同模糊不确定性应急决策知识融合提供了理论基础和技术支持,解决了国家重点研发计划项目"社会安全事件智能监测与预警关键技术与装备"中治安防控场所多信息融合的警情事件智能监测识别的核心技术问题,有力保障了基于多时空证据链的社会安全事件综合研判技术的研究。随着研究的进一步扩展及完善,取得的成果将会集成于社会安全事件智慧化立体综合预警指挥平台,解决项目中核心技术问题,为项目集成应用示范提供理论基础和技术支持。

8.3.2　研究展望

随着社会经济的发展,突发事件演化变得越来越复杂并呈现出"非常规"特性,人类对事件认知和把握越来越模糊,使得应急决策知识呈现出不同程度的模糊不确定性,并最终影响决策结果的准确性。本书对应急决策知识融合框架和一些模糊不确定性应急决策知识融合方法进行了研究与分析,并取得了一些研究成果,为提高应急决策效率和水平提供了模型和方法支持。但随着知识日益更新,尚存在一些问题有待继续深入研究与探讨。

(1)在面对复杂的突发事件应急决策问题时,局限于单一测度知识模型可能会影响不同领域和学科的决策人员描述应急决策知识的及时性和准确性,多种测度模型共存的应急决策知识管理与融合将成为未来复杂决策问题研究的重要阵地。那么,如何从知识的本质出发探索科学的融合方法,为进行有效及时的决策提供理论基础亦是一个值得深入探讨的问题。此外,现有的融合结果大都基于融合算子进行知识集成处理,如何结合证据理论、博弈论等方法实现知识融合处理可以进行尝试性的探索。

(2)在应急决策等复杂决策问题求解过程时,问题的复杂性和人类认知有限性不仅造成了应急决策知识具有模糊不确定性,还可能引起知识不完全(知识缺失)。因此,如何进行不确定环境下的知识补全将成为知识融合研究的关键处理环节,或者如何构建新的理论方法来消除知识缺失对融合结果准确性的影响,这些都是值得深入研究的问题。

(3)当前,处理模糊不确定性的理论颇多,如 Vague 集、2-型模糊集、区间数、犹豫模糊集等,表面上看这些理论都足够支持模糊不确定性应急决策知识融合。但是,这些理论适用于突发事件应急决策中哪些问题,以及是否能够很好地解决问题等都需要进一步的深入探讨。

　　（4）丰富的理论研究为解决实际问题提供了科学基础，最终服务社会生产。但是理论分析与实际应用之间往往还存在很大差别，因此利用六空间知识模型实现模型方法的管理，模拟人类生产实践中的思维模式，设计和开发应急决策的知识管理系统，为人类科学决策提供支持将是一件意义重大的工作。